琳琅書房

茶事艺文

于良子 著

浙江摄影出版社
全国百佳图书出版单位

责任编辑：张　磊
装帧设计：张　磊
责任校对：高余朵
责任印制：汪立峰

图书在版编目（CIP）数据

茶事艺文 / 于良子著. -- 杭州 ：浙江摄影出版社，2022.5（2023.7重印）
（琳琅书房）
ISBN 978-7-5514-3226-9

Ⅰ. ①茶… Ⅱ. ①于… Ⅲ. ①茶文化－文化史－中国 Ⅳ. ①TS971.21

中国版本图书馆CIP数据核字(2022)第059722号

［琳琅书房］
CHASHI YIWEN
茶事艺文
于良子　著

全国百佳图书出版单位
浙江摄影出版社出版发行

地址：杭州市体育场路 347 号
邮编：310006
制版：杭州真凯文化艺术有限公司
印刷：浙江海虹彩色印务有限公司
开本：889mm × 1194mm　1/32
印张：9
2022 年 5 月第 1 版　2023 年 7 月第 2 次印刷
ISBN 978-7-5514-3226-9
定价：59.00 元

引　言

茶，对于我们中国人来说是一种极为普通的饮品，是所谓“开门七件事”，即“柴米油盐酱醋茶”之一，这说明了它与人们日常生活有着须臾不离的关系。曾几何时，茶从“七件事”中凸显出来，开始走入“文化”之列，于是，它变得既俗又雅，既野又文，既能解渴疗疾，又可悦目赏心，受到了世人的青睐。

恰恰因其介入了“欣赏”这一具有文化意义的行为，茶所具有的色、香、味、形，被赋予了更浓厚的文化色彩。一杯清茶可窥见大千世界的斑斓，可品味短暂人生的辛酸欢愉，文人们为之歌颂吟唱、泼墨运毫——茶之艺文缘此产生。

我们在此所说的茶事艺文，是借用了古已有之的“艺文”之名，以表示包括用文学、书画等反映茶事方方面面的种种艺术形式。

对于茶事艺文的介绍、考察和阐述，当然是以相关的作品和艺术家为主。严格而论，一件茶事艺术作品，应当是以茶为主题的，它反映茶，表现茶的各种形态和神韵。但若以上述标准来苛求，则难免会有遗珠之憾。所以，在一般情况下，我们更愿意将一些并非以茶为主题，但与茶有关的作品视为茶事艺文雏形阶段的表现形式，或作为一种“零金碎玉”予以关注和宝爱。

在中国历史上，曾出现过的茶事艺文形式包括诗词、曲赋、

书画、楹联、金石篆刻、民间传说、工艺美术、歌舞、戏剧、小说、散文，乃至现当代的电影、电视，等等。在这些艺术形式中，有些是交叉或相互关联的，如诗词与楹联，楹联与书法，绘画与诗词……楹联多由诗句组成，或直接截取一首或两首诗中的词句构成，而楹联又离不开书法艺术的二度创作。书法与诗文也同样，不少著名的诗人，同时又写得一手好书法，其诗文稿件就是一件精彩的书法作品，而书法家们也多喜欢写一些古诗名篇，于是，以书法为载体，这些诗文得以流传下来，亦书亦文，两者合璧，已经绝难相分。还有，许多绘画作品是根据已有的诗歌来创作的，如《卢仝煮茶图》，便是根据唐人卢仝《走笔谢孟谏议寄新茶》一诗的内容而创作的。有时，一件作品完成后，作者为了使画面的意蕴更加深邃而耐人寻味，便在上面题上诗文，收“画龙点睛”之效。如金朝时人冯璧的《东坡海南烹茗图诗》、

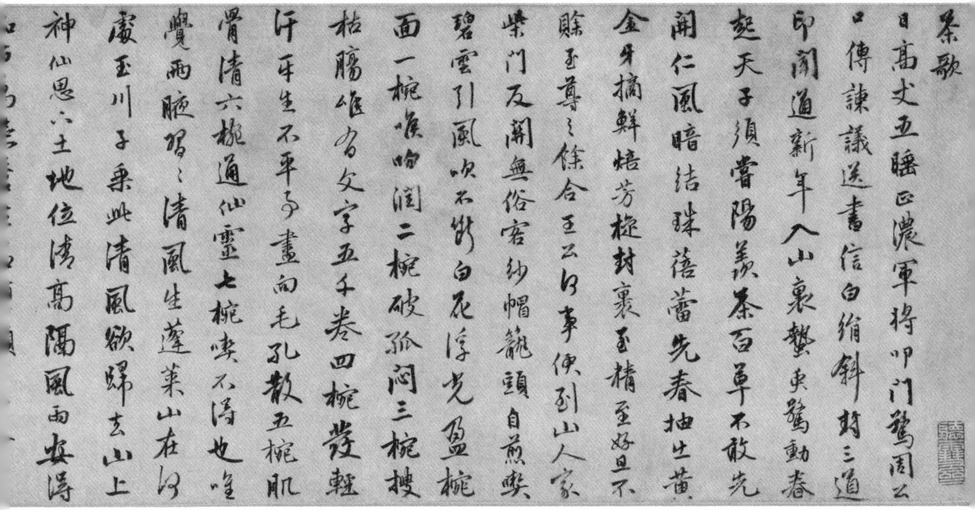

明　金琮书，杜堇绘《古贤诗意图卷·茶歌》　故宫博物院藏

元代袁桷的《煮茶图诗》等，画虽已绝迹，而诗犹存，更增添了人们对绘画内容的向往和兴趣。这些诗的创作都是缘画而生的。应该说，诗文题跋对绘画作品的意境及欣赏产生了巨大影响，同时，绘画作品对诗文创作也有很大的激发力。

茶事艺文形式多样，几乎遍及所有的艺术门类，但各种形式的作品数量是不平衡的。根据现存的作品来分析，语言艺术作品为多，造型艺术作品较少。这种作品形式和门类的不平衡与茶这一表现对象的特性极有关系。

从具象艺术，如绘画等来考虑，茶树的形象就其外观而言，显得非常简单且缺乏出众的特征，如与其他树木一同生长于园林中，在画面上简直难以区别表现出来，就茶树的芽叶来看，也缺乏显著特性，相似的树叶比比皆是。如制成成茶，若是散茶，虽可以呈现千姿百态，但由于相互间变化太细微，而且多以群

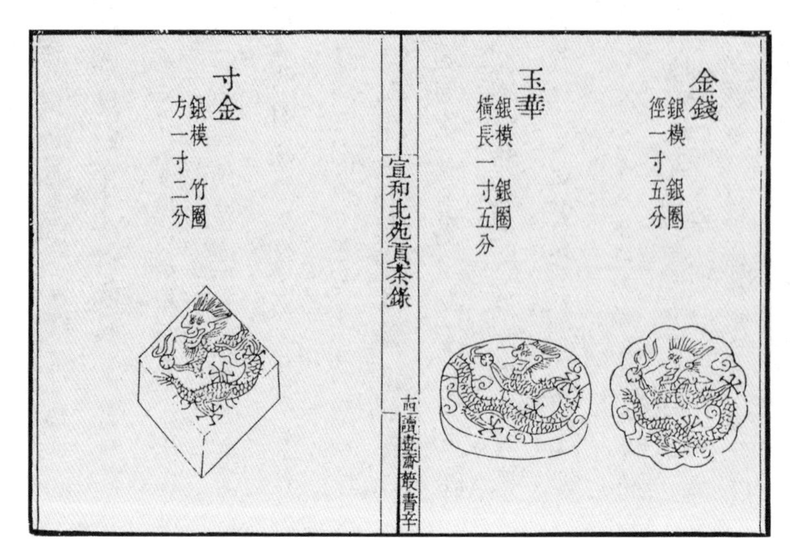

宋　熊蕃撰　《宣和北苑贡茶录》选页

体的形象出现，因群体间的密度和同一性，又抵消了茶叶个体的特殊性；如果是饼茶，形状特殊性是明显了，如“花瓣”“方块”“团饼”“玉璧”等，但这样一来，茶叶的外形又与其他物品相近，欣赏者极易产生认识上的偏差和误会。举个例子，如果我们将宋人《宣和北苑贡茶录》中的插图抽取出来，并隐去图中的说明性文字，则很容易会被误认为是砖头或木块及玉石之类的东西。

所以，就茶叶的外观看，要作为一种具象性的题材来表现，是十分困难的。因为对造型艺术来说，外表越简单，变化就越少，特征越是不明显，其神韵的表现难度也就越大。

所以，虽然历史上有以茶为题材的绘画作品，但绝少是直接画“茶叶”的，而是采用转弯抹角的办法，画茶具或反映茶事。

在直接表现茶的色、香、味、形上，具象艺术有一定的局限性，这种局限性，要通过一定的艺术手法或借助于语言艺术（如题跋）来得到弥补。

茶的外形简单但内涵丰富，内涵包括物质内涵和精神内涵。其物质内涵为茶叶外形、色泽，以及经冲泡后生发的滋味、香气、汤色等，每项因子中又包含着各种具体的差异，滋味有甘醇、苦涩之分，香气有浓烈、清淡之差，汤色又有青白黄红之别……其精神内涵则主要包括茶饮的象征意义，如茶学的老祖宗陆羽，隐居不仕，遁迹江湖，茶便带上了一层“隐逸”的意趣；又如，因茶在佛寺庙宇中的特殊地位，又产生了“茶禅一味”之说；再如“清廉”“平和”“冲淡”“雅致”等，不一而足。此外，因作者的生活经历和社会背景等因素，物质内涵也能转化成精神内涵。茶之物质内涵和精神内涵，很难用具体的形象确切地表达出来。因此，在茶事艺文中，作为语言艺术的诗词、文赋等文学形式，便当仁不让地大显身手了。

文学是最充分、最多面地反映生活的一种多元艺术。历史过程和人的内心感受过程，均可直接进入艺术语言所描绘固定下来的内容之中。语言带来的无限意义和细微差异，语言描绘中多种多样的手段（如修饰语、隐喻及语气的轻重等），可以随心所欲地表达作者对所描绘对象之思想、情感和态度，但同时又不脱离生活实际。所以，用语言艺术作品来表达茶的文化特征和文化内涵是最为适宜的，它们通过语言构成意象来表现茶的方方面面，得心应手而游刃有余。这也就是茶事艺文中，语言艺术作品大大多于造型艺术作品的重要原因。

艺术源于生活，反过来，艺术也反映了生活，高于生活，并

唐懿宗咸通七年（866） 《二娘子家书册》 安徽博物院藏
此册由清末翰林许承尧从敦煌写经裱褙剥离揭下。《家书》中有言：“更望阿孃、彼中骨肉，各好将息，勤为茶饭”
按：此书册最初定为写于唐天宝元年（742），亦有学者将其年代断为北宋太平兴国五年（980）

充分表现了作者的审美理想，所以又具有强烈的文化性。茶事艺文也不例外，其价值也正是体现于史料性和文化性上。

茶事艺文作品形式繁多，内容丰赡，历数千年而积累下来的作品，已成为当今研究茶史的绝好材料。例如，晚唐一位自称“二娘子”的年轻姑娘写给母亲的随笔信札——敦煌遗书《二娘子家书》中，“茶”，“潇洒自如地减去了那多余的一笔”，说明此时它已完成了文字的转变。再如，汉代印章艺术中“茶”字的出现，可以证明“茶”字的简化，并非始于唐代；还有，李白的《答族侄僧中孚赠玉泉仙人掌茶并序》为第一首咏名茶诗作，有人认为是晒青绿茶的最早记录，通过诗中所描述的制法、品质、出处、功用，可以恢复唐代这一名茶的生产；刘禹锡的《西山兰若试茶歌》中“自傍芳丛摘鹰嘴”“斯须炒成满室香”等句，成为炒青绿茶至迟不晚于唐代的有力佐证；另从一些“斗茶图”“烹茶图”中，可以真切地看到当时的茶饮器具和品饮方法；等等。因而，在茶史研究中，引用茶事艺文中的有关内容作为论证观点的材料是一种普遍现象，这充分体现出茶事艺文在茶史研究中的“资料库”作用及其重要的学术价值。

茶文化的发展，与历代艺术家的参与密不可分。单纯的茶叶生产和单一的品饮功能，并不能构成茶文化这一学科，只有赋予茶以审美上的意义，将茶饮从解渴疗疾的日常生活层面上升至精神寄托的高度，茶文化才能得以产生和发展。茶事艺文就是历代文人、艺术家们这种努力的结果和见证。这些茶事艺文作者的身份包括官员、诗人、画家、作家、隐士、僧人乃至工匠。同样的茶，同样的饮法，在他们的作品中出现的形象却是千姿百态、各臻其妙的。

茶文化因各社会阶层的不同而显示出不同的特点和表现方式。在整个历史过程中，又因各时代的大文化背景和政治、经济等的差异而有所不同。这种背景的影响，折射在茶事艺文作品中，也体现出它的时代性。像唐代张萱、周昉的一些仕女画，多描绘宫廷茶饮场景，这是由于作者为御用画家，接触到的多为上层人物，不可能出现诸如后来元、明、清时代的画家们创作的“山林气”十足的“烹茶图”。在宋代文人们的诗词唱和与手札往来中，可以看到宋代团饼贡茶是一种深为士大夫阶层所珍爱的礼品，其中，皇帝赏赐大臣，官员敬奉双亲、赠予挚友，都体现出一种“敬”的意义来。艺术家的眼睛最善于发现美，他们在常人看来极其普通的茶叶制作、冲饮中发现了一系列美的内涵，并运用自己的艺术才能将这些美表现出来。于是，就有“江水对煎萍仿佛，越瓯新试雪交加”“洁性不可污，为饮涤尘烦”“凭君汲井试烹之，不是人间香味色”等佳句流传下来。除了对茶的色、香、味、形的描写，艺术家们更借作品以表达品饮过程中的内心体验，最为典型的如卢仝“七碗之饮”，已成为千古绝唱，余音袅袅。

每一件茶事艺文作品，都体现着一种特定的文化心理，包含着一种特定的文化意蕴。这些艺文作品既是历代茶文化的成果，也是现代茶文化继续发展的参照和起点。茶事艺文作品的整体，犹如一座信息库，有纵向的，也有横向的；有单一的，也有综合的。在纵向方面，可以检索出中国茶文化的嬗变轨迹；从横向方面，可以博览茶文化丰富的形式及其所包含的内容。从这个意义上来说，茶事艺文可谓中国茶文化的主要载体和表现形式。

从茶事艺文的历史价值和文化价值出发，本书选取了自先秦至近代著名艺术家的百余件作品，以人系物，以事明艺，将艺文作品与作者及社会背景（包括茶业和文化发展状况）作尽可能紧密的联系，试图通过对一个个艺术家的介绍，对一件件艺文作品的欣赏，反映出中国茶文化对中国传统文化艺术的影响，也反映出历代文人、艺术家对茶文化发展的贡献。

艺术是情感的产物。从这些茶事艺文作品中，人们不难感受到先人们在茶的品饮、制作、观赏中产生的一系列审美愉悦，这些作品生动地表露出他们对茶饮的理解和种种寄寓于茶中的复杂心境。茶事艺文异彩纷呈，其中所积淀的丰厚内涵，构成了中华民族茶文化中最有声色的华章。

目　录

“荼”“茗”字形的嬗变纪略

茶文化研究中，有关“茶”的字源之讨论，曾经是个热点。

文字的考证，不仅仅是民族研究中最基础的工作之一，同时，也是一种文化形式的反思。茶文化的形式，绝大多数是依赖于文字和与文字相关的材料而存在并延续的。因而，对“茶”的字源之回顾，理所当然也成为茶文化研究的一个重要组成部分。

根据汉代许慎的“六书”理论来分析，“茶”是个形声字，作为汉字，它最初并不是像现在这样的形体，而是以“荼”代之。一个“荼”字，包含着很多意义，其中之一，便是指“茶”，所以对“茶”字的分析，必须从“荼”入手。

许慎《说文解字》说：“荼，苦荼也，从艸余声。”宋代的徐铉等注，“同都切”，“此即今之‘茶’字”。也就是说，“荼”的义符是“艸”，即今“草”字，“余”为声符，而“余”则是从“舍”而来。

由“荼”的字形考证，则可以大致说明这样两个方面的问题。

其一，“荼”的读音与“舍”相关，后来的“茶”之所以读作“tú”，是因为这个读音从“余”所得。但是，“荼”音除了“tú”外，还有一个就是现在“茶”的读法，即“chá”。这两个读音在汉代就已经共存了，如《汉书·王子侯表》：“荼陵节侯䜣。”颜师古注曰：“荼，音塗。”而在《汉书·地理志》“荼陵”中，颜师古则注为：“涂音，弋奢反。又音丈加反。”这个反切注音就是现在“茶”字的读音，这是颜师古注这一文字最大的学术价值所在。至于“荼”字的两种读音孰前孰后，从字源学及甲骨文的字形中是不难得出结论的。

其二，在中国最早的文字——甲骨文中，可见到后来“茶”字的字形骨干“余”。但甲骨文“余”，及许慎《说文解字》中“荼”字形中并没有所谓的“木”字。而这个“茶”中有“木”的观念则是个由来已久的误会。就连一代茶圣陆羽的《茶经》中，也有这样一段话：“其字，或从草，或从木，或草木并。”下有注曰：“从草，当作‘茶’，其字出《开元文字音义》；从木，当作‘𣗪’，其字出《本草》；草木并，作‘荼’，其字出《尔雅》。”“草木并，作‘荼’”，其注的内容有所不确，因此让人难以理解。

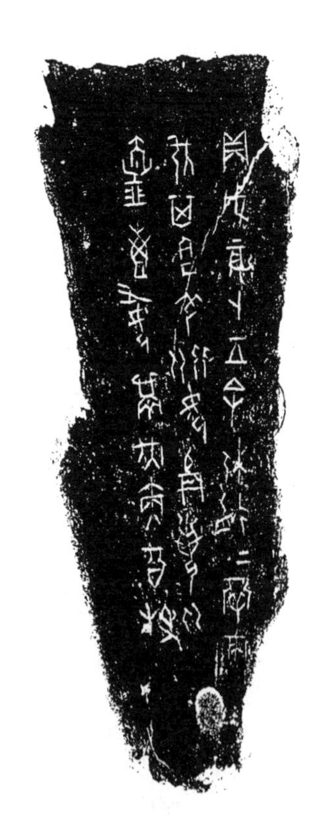

殷周甲骨文“（余）”字

从许慎的《说文解字》可知，荼（茶）的义符是“艸”，“艸”是“草”的古字。或许有人要问：“茶树不是木本植物吗？为什么不从木，而要从草呢？”这是因为我们的先民对事物的认识不可能像现在这样精确。“木”，古为“树”的意思，一般来说，那些高大的乔木型植物，古人都用“木”作为其字的义符，而茶树大多为灌木，而且古时野生茶树的环境多杂草丛生，因而被错指为草本植物也并不奇怪。这种例子也并不限于茶，如“荆”，本为落叶灌木，却也是以“草”为义符的。

现在，再根据历代书迹，看看由“荼”到“茶”的字形演变轨迹。

“荼”之字形，最早见于战国时期的文字。战国时期，天下纷争，诸侯国各自为政，地域、经济、文化和生活习惯的差异，致使其文字的风格也产生了较大的差别。当时，字形的随意性较大，一字多体是常见的现象，如笔画的省减和增加、偏旁的挪移、线条的曲直变形等。尽管如此，出于汉民族的同一性和传统文化的统摄力量，各国所使用的文字，共性仍多于个性，其发展仍按着“六书”的总体规律进行着演变、衍生。就“荼”字而言，不管如何地变形，其义符和声符仍然不离其宗。

甲骨文

大篆

小篆

隶书

先秦玺印“牛荼”

先秦玺印“侯荼”

西汉印“张荼”

汉封泥印“荼豸”

汉字发展史上第一次大规模的文字规范化运动，是随着秦统一中原而开始的。“书同文”就是其中一项最基础、最有力的措施。“书同文”是秦代根据战国时期各国文字的基本结构，调整其字体繁简和偏旁位置的差异，进而统一为秦小篆。

汉代继承了战国和秦代锐意拓辟疆域的精神，为了适应这种经济和文化的需求，隶书当仁不让地成了汉代的主要书体，它与秦小篆相比，书写更为快捷、简便。隶书以外，汉代另一彪炳千秋的艺术形式就是印章。

汉印是中国印章史上的一个高峰，品类繁多，制作精美，风格多样，其艺术成就一向为后世所称道和效法。宋代后，特别是明、清及至现代，有不少集汉印文字和集汉印印谱的著作出现，如《汉印分韵合编》《缪篆分韵》等。

东汉末至三国
青瓷印纹四系罍肩部刻画的
隶书"茶"字

通过这些著作，对汉印中"荼"（茶）字进行分析归纳可知，"茶"的字形在汉代已经初步定型。其定型的同时，又表现出许多的灵活性，如义符和声符上的灵活处置，这既是当时文人、工匠的杰出表现，也可视为文字演变的时代轨迹。正由于这种艺术的表现手法，促进了"茶"这一字形的首次出现。可惜的是，这些汉印文字均是辑集而成，有些脱离了原印的文字环境，即印文内容，所以无法进一步得到有关文字演化的更确凿的历史信息。

在这个既成事实面前，我们宁愿采取一些较为保守的看法。这就是，"茶"字的萌芽出现于汉代，但由于汉印形成的特殊性和整个汉代文字变化状况的时代背景，由"荼"而生成"茶"，还是个比较偶然而不自觉的现象，正由于这个缘故，"茶"的字形尚缺乏一种稳定性。

汉印的特点，特别是字法上，是随类赋形，也即文字的安排是根据印面大小、长短、宽窄及字与字之间的关系来进行的。在此原则下，文字可以作适当的形体变化，包括笔画的盘屈、伸缩、挪让、增减等。因此，汉代的由“荼”到“茶”，也应该是属于一种印章艺术的表现手法，自然难免带有一种随意性，因为这种处理的首要目的，不是在于简化文字，而是为了营造艺术的美感。

类似的现象也见于以楷书为主的魏晋时代乃至唐代。从这些时代留下来的书迹中可见，“茶”字的变化也是很剧烈的，不仅在一些民间书法艺术中，而且在有一定知名度的书家手下，这种变化也是显而易见的。在被认为“茶”字字形已经确定的唐代中期，“茶”字有时还会被写成“荼”，如《唐处士王颜墓志》《不空和尚碑》等。中唐时期，“茶”字之形渐趋稳定，这无疑与陆羽《茶经》的行世大有关系。后人多称，自陆羽《茶经》

唐　长沙窑青釉“茶埦”

上图：唐　法门寺地宫出土《衣物账》拓片局部；右图：唐　法门寺地宫出土鎏金银茶碾

西安法门寺地宫出土唐咸通十年（869）鎏金银茶碾上的铭文，“茶”仍刻作“荼”，而同为地宫出土的《衣物账》中却写作“茶”。说明器物上的铭刻是工匠所为，略带随意性，而《衣物账》的誊写是由相应的官员完成的，使用的文字便相对规范后，“荼”字始减一笔为“茶”。将《茶经》作为“茶”字定形的一种标志，这大抵是不错的，但将功劳归于陆羽一人，则不免有失偏颇。文字的简化和规范是在千千万万的文字使用者实际运用基础上的总结。

与“荼”使用频率相当的是“茗”字。而且，“茗”地出现在时间上与“荼”字也不相上下。它也是一个形声字，义符为“草”，声符为“名”。

“茗”的出现，据史料看，约在汉代。许慎《说文解字》将“茗”列为“新附字”，说明其诞生的时间大概不会早于汉代。许慎没有对“茗”字做任何解释，北宋徐铉等注曰：“茗，荼芽也。从艸名声，莫迥切。”仅此而已。

除此之外，在一些古籍中也多次出现“茗”字。如《晏子春秋》有“炙三弋、五卯、茗菜而已”（有的本子中“卯”作“卵”、“茗菜”作“苔菜”，似有形近致误的可能性）；三国魏张揖的《广雅》中有“荆、巴间采叶作饼……欲煮茗饮，先炙令赤色”；晋王浮《神异记》记载有“余姚人虞洪，入山采茗”；等等。

在魏晋及其以后的时代里，“茗”的使用范围和频率大大增加，同时，对“茗”的本义也产生了一些分歧。

东晋郭璞《尔雅注》中说：“树小似栀子，冬生，叶可煮羹饮。今呼早取为荼，晚取为茗，或一曰荈，蜀人名之苦荼。”

唐代封演的《封氏闻见记》中也称：“早采者为茶，晚采者为茗。”

而《魏王花木志》中说：“茶，叶似栀子，可煮为饮，其老叶谓之荈，嫩叶谓之茗。”此说与《说文解字》相类。

看似相左的两个观点，其实并无实质的矛盾。所谓“晚取为茗”，并不否定“荼芽”之义。“晚”，当指采期之晚，而茶芽和嫩叶，却是采去又能复发的，也就是说，在各个茶季中都能采到茶的芽和嫩叶，“晚取”并不意味着就是“老叶”。从“茗”字的字形来考察，更能说明这个观点并非臆测。

“茗”的义符不再赘述，而其声符却大可玩味。

《说文解字》中对“名”的解释是这样的：“自命也，从口从夕。夕者，冥也，冥不相见，故以口自名。”意思是说，在晚上，互相看不见，只得自我介绍，用口呼叫来表明自己的存在。

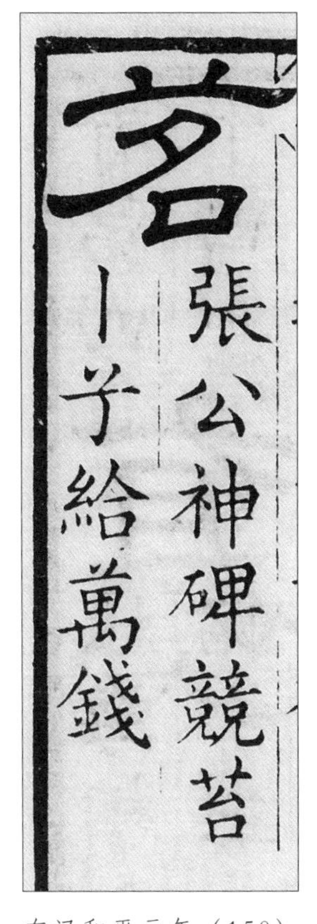
茗
張公神碑競茗
丨予給萬錢

东汉和平元年（150）所立“张公神碑”上的“茗”字

汉语音韵学认为，绝大多数读音相同或相近的字，相互之间往往存在着或多或少的意义联系，因此，同音字或近音字之间常可互训，即互相解释，借以明义。

迄今为止，发现最早的“茗”字字迹，是在东汉和平元年（150）所立的“张公神碑”中，其碑今不见，其中的“茗”字，由清代顾蔼吉编撰的《隶辨》收得。在碑文中，“茗”与“萌”对应，是个动词。对此，清代郑珍《说文新附考》曰：“汉人有用‘茗’字者，张公神碑……为言‘茗’者，‘萌’之借。”

许慎《说文解字》在“萌”字下释曰：“萌，草木芽也。”由此可见，“茗”与“萌”字的本义紧密相关，“茗”所包含的“茶芽”之字义也正缘于此。

在日文汉字中，有一个词叫作“茶茗”，它的意思为“新茶”或“茶芽”，即为“茶之萌芽”的意思，所保留的词义也正好说明了“茗”的本义。

“茶陵”石印和“槚笥”木牌的文化意义

20世纪50年代，在湖南长沙魏家堆第19号墓出土的随葬物中有一方石印，这就是“茶陵”石印。其为西汉文景时期的随葬印，印呈长方形，尺寸为2.5厘米 × 1.8厘米 × 1.9厘米，鼻钮。石印所用材料是滑石。

茶陵故城在今湖南茶陵县东。从这方石印可知，该墓主为茶陵之地方官。

“茶陵”一印，是属于较为特殊的一种凿印，它不是因实用的需要而凿刻，而纯粹是作为象征意义，用于“阴间”的一种器物。在考古学上，它被称为“明器”。明器就是“冥器”，是生者为死者在另一个世界准备的物品。

“茶陵”滑石印与那些庙堂之物的印章相比，不免材质上简陋、粗糙一些，而且，仅仅是以地名二字替代了职官名，但刻得比较认真，笔画的装饰性也较强。

今茶陵，古也称“茶乡”，境内有茶山（景阳山）、茶水（洣水）。相传尝百草、发现茶叶的神农氏即葬于茶乡。古属

西汉印“荼陵”

马王堆汉墓出土木简“槚笥”

荼陵的炎陵县，还有炎帝陵。陆羽在《茶经》中曾引《茶陵图经》：“茶陵者，所谓陵谷生茶茗焉。”茶陵是我国含有“茶”字的地名中知名度最高的。“荼陵”滑石印，是迄今发现的最早的与茶叶产地有关的实物印证之一。

而一块书有“槚笥”二字的木牌，又将“荼陵”石印、汉代茶业历史的有关文字记载及传说串联了起来。

“槚笥”木牌也发现于湖南长沙。1973年，在长沙马王堆1号、3号汉墓出土了一些竹简遗册。所谓“遣册”，就是随葬物品的清单。在其中发现了写有“槚”“笥”的竹简各一片，3号汉墓出土的一个竹箱上，还系有一块写着“槚笥”的木牌。

西汉时期，文字正处在由古字向今体字转化的阶段。其竹简上面所写的书体，称为“竹简体”或“简牍书法”，曾是当时汉字书写的主要形式之一。这些埋入地下两千余年的珍贵汉简，是研究汉代政治、军事、经济、文化极为宝贵的历史资料，其对于茶文化的研究之功，在“槚笥”二字上得到了集中的体现。

“槚笥”的“槚”，在木牌上写作“楕”，现今，根据《现代汉语词典》是查不到这个字的。“槚”是茶树的古称，根据《尔雅·释木》解释为“苦荼”，也就是“茶树”的意思。陆羽的《茶经》中也记载了这个字。

在马王堆1号墓137号竹简中，“槚”是与枣、梨等木本植物列在一起的。马王堆1号墓、3号墓的竹笥中均遗存有不少残碎植物茎叶，因为考古发掘时对“槚”字尚未作出准确的考释，对沉浸在墓室边箱底部泥水中的某些竹笥及残碎的茎叶注意得不够。“现查对1号汉墓的原始记录，其中332、333号竹笥内均发现有植物青叶类或残留黄绿、草绿色叶类等（以上不包括香草与其他草类）。如果将这些残碎的植物茎叶，有目的地去寻找与‘槚’相应的实物，也许还可能找到它的下落。”（周世荣《关于长沙马王堆汉墓中简文——“楕”的考订》）“楕”是“槚”，那么“槚笥”无疑就是茶箱。由于未能及时将“槚”准确释出，致使我们与极有可能遗存的汉代时期的茶叶实物失之交臂，实在令人扼腕不已。

“槚笥”木牌，考证了茶的别名——“槚”，并展现了其异体之真迹，再由此而转入更深一层的研究，证实了汉代时以茶祭祀风俗的存在。

以茶祭祀，前代史料记载中不算少数。例如《尚书·顾命》中有“王三宿、三祭、三咤”的记载，有的学者认为，这就是周成王所写遗嘱中的茶祭活动。又例如，南朝梁萧子显的《南齐书》上，所记载齐世祖武皇帝的遗诏更为明白——“我灵座上，慎勿以牲为祭，唯设饼果、茶饮、干饭、酒脯而已”。南朝宋刘敬叔《异苑》中也记述过一则有关以茶祭祀而得福的民间故事。

在中国，盛行以茶祭祀风俗的地域很广，特别是今江苏、浙江、安徽、江西、湖南等地，以茶祭祀的形式多样，内容丰富。

长沙马王堆汉墓中出土的“槚笥”木牌等物，证明了以茶为祭物的历史不会晚于西汉时期，而作为这一风俗的兴起、蔓延，无疑是与茶叶生产的发展、茶叶作为饮品的生活习惯及茶所具有的文化意义紧密联系的。

唐代之前文学作品中的“茶相”

“荼”存之于艺，除其文字字形的演变之外，更有不少是寄寓于另一种形式，即文学艺术之中。茶作为一种艺术形象，已不再是简单抽象的物品，而是活生生的、具体的、富有文化内涵的载体。

唐代之前的茶叶史料，到了陆羽著《茶经》才得到较为系统的整理。这些史料，在数量上虽说是微不足道的，但价值弥足珍贵。

《诗经》是我国第一部诗歌总集，也是首次记载“荼”的文学作品集，一直为茶文化的研究者、爱好者所关注。《诗经》中出现“荼”字共有九处，除《大雅·桑柔》中的“民之贪乱，宁为荼毒”明显不是“茶”之义外，其余的几首均为后世茶人所注意。

例如，《大雅·绵》，诗曰：

周原膴膴，堇荼如饴。

爰始爰谋，爰契我龟。

曰止曰时，筑室于兹。

《邶风·谷风》，其第二章曰：

行道迟迟，中心有违。
不远伊迩，薄送我畿。
谁谓荼苦，其甘如荠。
宴尔新昏，如兄如弟。

《豳风·七月》曰：

六月食郁及薁，七月亨葵及菽。
八月剥枣，十月获稻。
为此春酒，以介眉寿。
七月食瓜，八月断壶。
九月叔苴。
采荼薪樗，食我农夫。

《豳风·鸱鸮》第四章曰：

予手拮据，予所捋荼；
予所蓄租，予口卒瘏；
曰予未有室家。

但这些诗句中的“荼”究竟是否指茶叶，是仍存争议的学术问题。作为一字多义的“荼”，其各种意义之间必然会有着某些联系，弄清楚这种联系，则需要进行语言学、文字学、历

约日本江户时代嘉永元年（1848）　细井徇《诗经名物图解 · 荼》
《诗经》中“荼”字多见，有的代指茅，有的代指苦菜

史学等的综合研究。《诗经》中有关“荼”的内容，其意义并不是在于告诉人们其所指是茶或不是茶，而在于向我们展示茶文化研究更深入的可能性，也正是有了这层意义，它的魅力能历千百年而不减。

汉代以后，尤其是晋代，诗赋中出现了较为明确的茶的形象和内容。如晋代左思的《娇女诗》，描写了姐妹俩的一段生活场景，人物形象极为生动可爱。

吾家有娇女，皎皎颇白皙。

小字为纨素，口齿自清历。

鬓发覆广额，双耳如连璧。

明朝弄梳台，黛眉类扫迹。

浓朱衍丹唇，黄吻烂漫赤。

……

止为荼荈据，吹嘘对鼎钖。

脂腻漫白袖，烟熏染阿锡。

衣被皆重地，难与沉水碧。

任其孺子意，羞受长者责。

瞥闻当与杖，掩泪俱向壁。

《娇女诗》中表现的茶，是一种日常的饮品，其为闲适的生活增添了情趣。同时期的张载《登成都楼》中所描写的茶，则已经是享誉大江南北的美饮了：

芳茶冠六清，溢味播九区。

人生苟安乐，兹土聊可娱。

孙楚有《出歌》一首，其中称茶叶首出巴蜀。

茱萸出芳树颠，鲤鱼出洛水泉，

白盐出河东，美豉出鲁渊，

姜桂荼荈出巴蜀，椒橘木兰出高山，

蓼苏出沟渠，精稗出中田。

此诗所云，与同时期人常璩所撰《华阳国志》中的记载相同。《华阳国志·巴志》中记载："其地（指巴蜀）……土植五谷，牲具六畜，桑、蚕、麻……茶、蜜……皆纳贡之。"同时，记载有涪陵郡"惟出茶"、什邡"山出好茶"。在该书《南中志》中又有"平夷县，郡治，有硃津、安乐水，山出茶、蜜"的记载。由此可见，孙楚《出歌》是一首以艺术的形式记述史实的作品，既是艺，也是史，这是此时期与茶有关的文学作品的特点之一。

晋代杜育的《荈赋》，是第一篇用赋的形式来描写茶的文学作品，在茶史上具有重要意义。

> 灵山惟岳，奇产所钟。瞻彼卷阿，实曰夕阳。厥生荈草，弥谷被岗。承丰壤之滋润，受甘霖之霄降。月惟初秋，农功少休，结偶同旅，是采是求。水则岷方之注，挹彼清流。器择陶简，出自东隅。酌之以匏，取式公刘。惟兹初成，沫沉华浮。焕如积雪，晔若春敷。若乃淳染真辰，色绩青霜；氤氲馨香，白黄若虚。调神和内，倦解慵除。

全赋不长，但所涉及的范围已包括茶叶自生长至饮用的全部过程。由"灵山惟岳"到"受甘霖之霄降"，是写茶叶的生长环境、态势和条件；自"月惟初秋"至"是采是求"，描写了茶农不辞辛劳地结伴采茶的情景；接着，写到烹茶所用之水当为"清流"，所用茶具，无论精粗，都采用"东隅"（东南地带）所产的陶瓷，饮用方法也颇具古风。当一切准备停当，烹出的茶汤就有“焕如积雪，晔若春敷”的艺术美感了。

《荈赋》是第一次写到“弥谷被岗”的植茶规模，第一次写到秋茶的采掇，第一次写到陶瓷器具的宜茶，第一次写到“沫沉华浮”的茶汤特点。这四个“第一”，足使《荈赋》在中国茶文化发展史上的地位令人刮目相看。

似乎是对《荈赋》内容的补充，南朝宋王微的《杂诗》则描写了一个独饮者的形象：

桑妾独何怀，倾筐未盈把。
自言悲苦多，排却不肯舍。
妾悲叵陈诉，慎忧不销冶。
寒雁归所从，半涂失凭假。
壮情抃驱驰，猛气捍朝社。
常怀云汉渐，常欲复周雅。
重名好铭勒，轻躯愿图写。
万里度沙漠，悬师蹈朔野。
传闻兵失利，不见来归者。
奚处埋旍麾，何处丧车马。
拊心悼恭人，零泪覆面下。
徒谓久别离，不见老孤寡。
寂寂掩高门，寥寥空广厦。
待君竟不归，收颜今就槚。

诗中表现的是一个采桑女的形象，丈夫驰骋疆场，不幸阵亡，她在寂静的家中凭窗远眺，日日盼君不见君，在希望破灭之后，只得独自捧杯品茶。诗中的“寂寂掩高门，寥寥空广厦”是为最后一句作铺垫的。“寂寂”和“寥寥”两个叠词的运用，恰到好处地传达了“桑妾”茫然失落的心境，“收颜今就槚”也就成了她今后人生中的一种寄托。在饮茶中寻超然之味，在娴静中思考人生价值，是千百年来中国文人们的饮茶之道，这是有历史的轨迹可循的。《杂诗》可谓这条轨迹中最初的一个亮点。

魏晋南北朝时期，一种新的文学体裁初具规模，这就是小说。这一时期的小说，大体上分为两类，一类是志怪小说，另一类是轶事小说。其中，有关茶的神话故事大多记载于志怪小说《神异记》、《搜神记》、《续搜神记》（或曰《搜神后记》）、《异苑》等著作中。

陆羽《茶经·七之事》中转引了《神异记》的故事。据内容看，可能是后人加以删补的。据鲁迅所辑，《神异记》一卷为晋人王浮所撰（见《古小说钩沉》）。此据《茶经》所辑，移录于下：

> 余姚人虞洪入山采茗，遇一道士牵三青牛，引洪至瀑布山，曰：“吾丹丘子也。闻子善具饮，常思见惠。山中有大茗可以相给。祈子他日有瓯牺之余，乞相遗也。”因立奠祀，后常令家人入山，获大茗焉。

志怪小说的代表作《搜神记》卷十六中有这样一个故事：

> 夏侯恺，字万仁，因病死。宗人儿苟奴，素见鬼。见恺数归，欲取马，并病其妻，著平上帻，单衣，入坐生时西壁大床，就人觅茶饮。

《续搜神记》中，与茶有关的故事有两则，一是：

晋孝武世，宣城人秦精，常入武昌山中采茗，忽遇一人，身长丈余，遍体皆毛，从山北来。精见之，大怖，自谓必死。毛人径牵其臂，将至山曲，入大丛茗处，放之便去。精因采茗。须臾复来，乃探怀中二十枚橘与精，甘美异常。精甚怪，负茗而归。

另一则描写了一种饮茶之病“斛二瘕”的奇状：

桓宣武时有一督将，因时行病后虚热，更能饮复茗，必一斛二斗乃饱。才减升合，便以为不足，非复一日。家贫。后有客造之，正遇其饮复茗。亦先闻世有此病，仍令更进五升，乃大吐，有一物出，如升大，有口，形质缩绉，状如牛肚。客乃令置之于盆中，以一斛二斗复茗浇之，此物噏之都尽而止，觉小胀。又加五升，便悉混然从口中涌出。既吐此物，其病遂瘥。或问之：“此何病？”答云：“此病名斛二瘕。”

轶事小说中也有关于茶的记述，集大成者为南朝宋刘义庆的《世说新语》，其中谈及茶的有两则，其一为：

任瞻，字育长，少时有令名，自过江失志。既下饮，问人云：“此为茶？为茗？”觉人有怪色，乃自申明云：“向问饮为热为冷耳。”

另一则是记载了茶在当时宴饮中的地位：

> 褚太傅初渡江，尝入东，至金昌亭，吴中豪右宴集亭中。褚公虽素有重名，于时造次不相识别，敕左右多与茗汁，少著粽，汁尽辄益，使终不得食。褚公饮讫，徐举手共语云：“褚季野。”于是四座惊散，无不狼狈。

以上几则故事反映了魏晋时期的茶叶生产和茶文化的发展情况。“夏侯恺”，说明了茶在上层社会中已经成为普通的饮料；“虞洪”和“秦精”，记述了野生茶树的生态环境和以茶祭祀的社会风俗，及讲求因果报应的宗教思想。“斛二瘕”和“任瞻”“褚太傅”，可参照阅读魏杨衒之所撰《洛阳伽蓝记》中的一则史实，“（王）肃初入国，不食羊肉及酪浆等物，常饭鲫鱼羹，渴饮茗汁。京师士子见肃一饮一斗，号为漏卮”。也可参读《太平御览》中转引《世说新语》的一段文字：“晋司徒长史王濛，字仲祖，好饮茶，客至辄饮之。士大夫甚以为苦，每欲候濛必云：‘今日有水厄。’”

这些故事，反映的是魏晋时代北方人士对茶饮的不习惯，以及南方人嗜茶如命的状况，由此也可得出结论，魏晋南北朝时期是茶饮由南至北扩展蔓延的重要时期。

一生为墨客　几世作茶仙

陆羽之于茶道，其“茶圣”的地位在唐代已经确立。唐李肇在《唐国史补》中如是记述：“羽有文学，多意思，耻一物不尽其妙。茶术尤著。”陆羽因为茶术的精良，渐成为市茶者礼拜的对象，所谓“巩县陶者，多为瓷偶人，号‘陆鸿渐’，买数十茶器，得一‘鸿渐’，市人沽茗不利，辄灌注之”。《新唐书·隐逸传》中载：“羽嗜茶，著经三篇，言茶之源、之法、之具尤备，天下益知饮茶矣。时鬻茶者，至陶羽形置炀突间，祀为茶神。”

五代　邢窑白釉黑彩陆羽瓷像
河北省唐县出土

无论是从其性格方面看，还是从史料所反映的一生成就看，陆羽实是个词翰绝佳的“墨客”。在他的作品中，其自身耿介拔俗的秉性

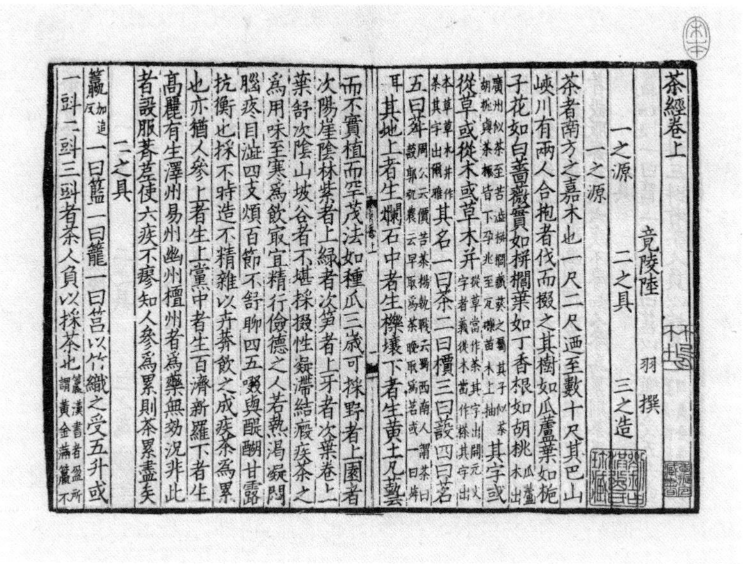

茶經卷上

竟陵陸　羽撰

一之源　二之具　三之造

一之源

茶者南方之嘉木也一尺二尺迺至數十尺其巴山峽川有兩人合抱者伐而掇之其樹如瓜蘆葉如梔子花如白薔薇實如栟櫚葉如丁香根如胡桃 瓜蘆木出廣州似茶至苦澀栟櫚蒲葵之屬其子似茶胡桃與茶根皆下孕兆至瓦礫苗木上抽 其字或從草或從木或草木并 從草當作茶其字出開元文字音義從木當作𣗪其字出本草草木并作荼其字出爾雅 其名一曰茶二曰檟三曰蔎四曰茗五曰荈 周公云檟苦荼揚執戟云蜀西南人謂茶曰蔎郭弘農云早取為茶晚取為茗或一曰荈耳 其地上者生爛石中者生櫟壤下者生黃土凡藝而不實植而罕茂法如種瓜三歲可採野者上園者次陽崖陰林紫者上綠者次筍者上牙者次葉卷上葉舒次陰山坡谷者不堪採掇性凝滯結瘕疾茶之為用味至寒為飲最宜精行儉德之人若熱渴凝悶腦疼目澀四支煩百節不舒聊四五啜與醍醐甘露抗衡也採不時造不精雜以卉莽飲之成疾茶為累也亦猶人參上者生上黨中者生百濟新羅下者生高麗有生澤州易州幽州檀州者為藥無效況非此者設服薺苨使六疾不瘳知人參為累則茶累盡矣

二之具

籯 加追反 一曰籃一曰籠一曰筥以竹織之受五升或一斗二斗三斗者茶人負以採茶也 籯漢書音盈所謂黃金滿籯不

宋刻百川学海本《茶经》书影

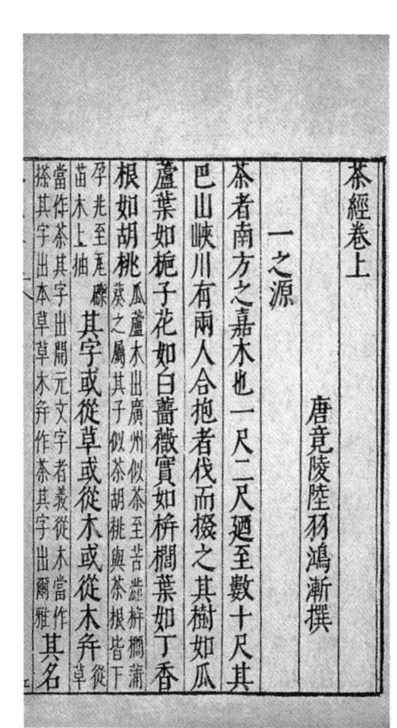

茶經卷上

唐竟陵陸羽鴻漸撰

一之源

茶者南方之嘉木也一尺二尺迺至數十尺其巴山峽川有兩人合抱者伐而掇之其樹如瓜蘆葉如梔子花如白薔薇實如栟櫚葉如丁香根如胡桃 瓜蘆木出廣州似茶至苦澀栟櫚蒲葵之屬其子似茶胡桃與茶根皆下孕兆至瓦礫苗木上抽 其字或從草或從木或從木弃 從草當作茶其字出開元文字者義從木當作搽其字出本草草木弃作茶其字出爾雅 其名

明版《茶经》书影

和多才多艺的形象展现得淋漓尽致。《茶经》中所反映出来的艺术思想，更是与其一生的艺术活动和审美情趣息息相关。

唐代文人耿湋在与陆羽作联句时，起首便称其“一生为墨客，几世作茶仙”，对陆羽其人概括之精当，实可谓无出其右。从“墨客”反观“茶仙”，或许会对陆羽的认识更深入一步。

陆羽的一生，特别是其青少年时代，过得很是坎坷。大概是身为弃儿的缘故，他的性格自幼就显得很倔强，绝不是个循规蹈矩的人。当恩师让其皈依佛门时，他婉言拒绝：“终鲜兄弟，而绝后嗣，得为孝乎？”自己为父母遗弃之人，却仍言以孝道。当忍受不了“主者鞭笞”时，陆羽毅然出逃，宁为伶人，也不愿削发为僧。此后，年岁虽长，但怪异的性格仍然左右着他的行为，在编撰《茶经》的日子里，他常常扁舟出游，独行野径，有所感触而不掩其态，击杖号泣，吟诗徘徊，乃至终日。再加上他貌陋而口吃，所以“茶圣”在当时是曾被视为“狂人”的。

情感丰沛而又不加掩饰的陆羽，在那个时代、那个环境中，怎能不被视为狂怪之人呢？

除李肇《唐国史补》外，赵璘《因话录》也称陆羽“聪俊多闻，学赡辞逸，诙谐谈辩，若东方曼倩之俦”。可知，陆羽在身前主要还是以诗文卓异而闻名的。

陆羽的艺术天赋表现甚早。在寺院为役童时，他就用竹枝代笔，以牛背为纸，学习写字，对名篇大作，虽识字不全，却也知模仿他人而朗朗诵之。其逃出寺院后，虽身为优伶，却并不以此为贱职，反倒是如鱼得水，作出了很大成绩。

在从事戏剧的日子里，陆羽先后为“伶正”（相当于戏中的主要角色，也可说是主要演员）、“伶师”（相当于今天的导演）。唐天宝五年（746），河南尹李齐物被贬到竟陵任太守，陆羽曾为之演出“参军戏”，深得李氏的赏识，于是被推荐去火门山邹夫子处读书进修。

“参军戏”属于杂戏的一种，其渊源可以追溯到秦汉时期。这种以戏剧形式来数落、调侃、讽刺朝政和社会的艺术形式，在汉代可能只是偶尔为之，还未成为一种具有固定程式的表演形式。到了唐代初年，李世民改九部乐为十部乐，其表现形式分为“坐部伎”和“立部伎”两大类。“立部伎”中包括了毁剧，其中有舞剧、跳丸之类，“参军戏”就是毁剧中十分独特的一种形式。其在盛唐时经历了改革、完善和发展，具有承歌舞于前、启戏剧于后的意义，这与陆羽的贡献是分不开的。

唐范摅《云溪友议》记载：“（元稹）廉问淅东……乃有俳优周季南、季崇及妻刘采春自淮甸而来，善弄‘陆参军’，歌声彻云。”陆羽在精心茶学的同时，仍然致力于“参军戏”的创作。其逝世后的几十年里，“参军戏”之名，几已为“陆参军”所代替，陆羽对“参军戏”的影响可谓大矣。

陆羽在戏剧上刻苦用功，于艺术创作上取得一定成就的同时，在戏剧理论上也有相当的建树。从《陆羽传》和《陆文学自传》中得知，他所撰写的数千字《谑谈》（或称《诙谐》）当是一部戏剧理论著作。至今，凡研究中国戏剧发展史的，无不知晓唐代陆羽于“参军戏”的成就。

《陆文学自传》中，还较集中地记载着他的一批著作：“自禄山乱中原，为《四悲诗》，刘展窥江淮，作《天之未明赋》，皆见感激当时，行哭涕泗。著《君臣契》三卷，《源解》三十卷，《江表四姓谱》八卷，《南北人物志》十卷，《吴兴历官记》三

宋　欧阳修　《集古录跋·陆文学传跋》　台北故宫博物院藏

卷，《湖州刺史记》一卷，《茶经》三卷，《占梦》上、中、下三卷，并贮于褐布囊。”这当然只是其所有著作中的一部分。

陆羽的诗文传世不多，其诗存世有《六羡歌》《四悲诗》《会稽东小山》，文笔颇有灵气，现辑录如次。

不羡黄金罍，不羡白玉杯，

不羡朝入省，不羡暮登台。

千羡万羡西江水，曾向竟陵城下来。

——《六羡歌》

欲悲天失纲，胡尘蔽上苍。

欲悲地失常，烽烟纵虎狼。

欲悲民失所，被驱若犬羊。

悲盈五湖山失色，梦魂和泪绕西江。

——《四悲诗》

月色寒潮入剡溪，青猿叫断绿林西。

昔人已逐东流去，空见年年江草齐。

——《会稽东小山》

与《四悲诗》主题相同的作品，还有一篇《天之未明赋》。此作早年已佚，后又复现。复出的《天之未明赋》是否陆羽原作，尚待研究，但其表现的情境倒与陆羽当时的情况相合：

此年何日，阴阳无别；今夕何夕，长此更深。天鸡何在，曷不引吭？上苍何故，如此混沌？苍穹一何怨兮，东君失常，既曰失常兮，曷不见霄汉斗柄？乃风伯常逍遥九垓，未扫冻云，由是日月蒙蔽，星汉沉沦，夜枭肆虐，豺虎横行，磨牙吮血，戕残生灵。大道由兹

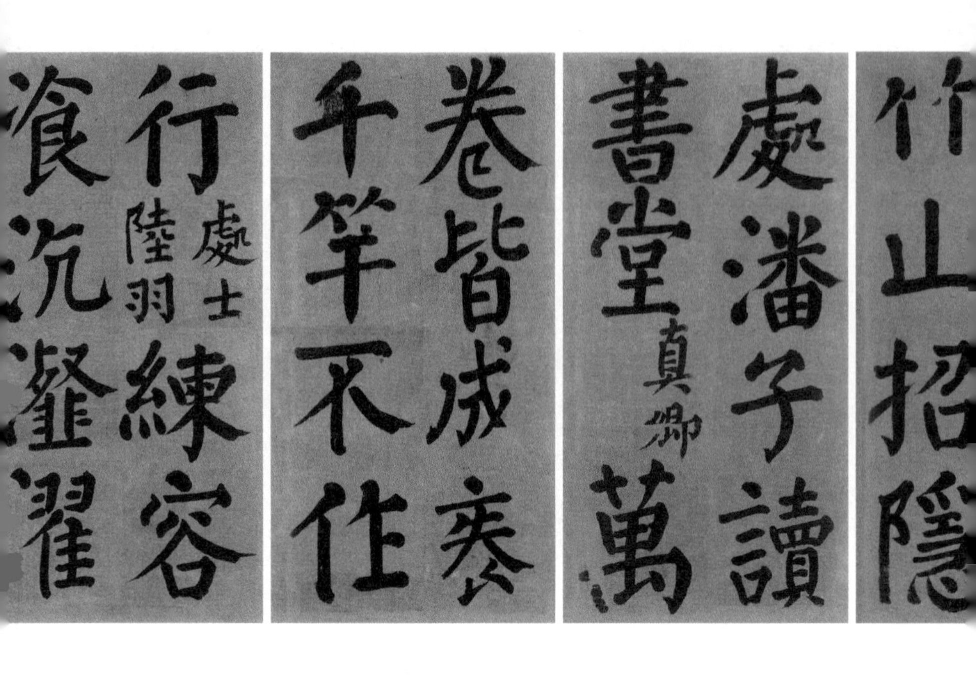

潜象，周天因以匿形。今明者作瞽，聪者闭听，吟者吞声，歌者寒噤，健者临渊壑而不觉，羸者处蛇虺而无惊。徒知一己，不知万物，己不见己，如梦魔缠身。忧何至殷，悲何至极，惟天之未明！

陆羽还创作有一些散句和联句，联句较多，《全唐诗》等记载有《秋日卢郎中使君幼平泛舟联句》《登岘山观李左相石尊联句》等十余种，都是其与一些好友合作的。

“茶圣”陆羽的诗，在灿烂辉煌的整个唐代诗歌艺术宝库中或许是无足轻重的，但却是研究陆羽生平、思想、性格及唐代茶

唐　颜真卿（传）　《竹山堂连句》　故宫博物院藏
唐大历九年（774）三月，时任湖州刺史的颜真卿在朋友潘述家“竹山堂”中与李萼、陆羽、释皎然、陆士修、韦介等人聚会饮宴，席间吟诗，每人依次各作两句，相联成篇，是为《竹山堂连句》，传为颜氏书录。其中，所录陆羽两句为“万卷皆成帙，千竿不作行”

文化不可多得的珍贵资料。在这些诗句中，陆羽的形象得到了更为生动地体现，其中，有对国家命运的关注、对故乡的思恋、对旧交的怀念，也有内心的独白及与密友的唱和。细读和品味这些诗句，由文见人，一个血肉丰满的“茶圣”正向我们走来。

陆羽一生的文学作品中，游记的比重是很大的，从有关记载来看，他曾写过《虎丘山记》《灵隐天竺二寺记》《武林山记》《游慧山寺记》《顾渚山记》等。但除了《游慧山寺记》一篇以外，其余或已难觅“全豹”，或已整篇亡佚。故《游慧山寺记》可以当作陆羽游记的一篇代表作。其中有云：

夫江南山浅土薄，不自流水，而此山泉源滂注崖谷，下溉田十余顷。此山又当太湖之西北隅，萦竦四十余里，惟中峰有丛篁灌木，余尽古石嵌崒而已，凡烟岚所集，发于萝薜。今石山横亘，浓翠可掬，昔周柱史伯阳谓之神山，岂虚言哉！伤其至灵，无当世之名；惜其至异，为讹俗所弃。无当世之名，以其栋宇不完也；为讹俗所弃，必其闻见不远也。且如吴西之虎丘、丹徒之鹤林、钱塘之天竺，以其台殿楼榭，崇崇岦岦，车舆洊至，是有嘉名。不然，何以与此山为俦列耶？若以鹤林望江，天竺观海，虎丘平眺郡国以为雄，则曷若兹山绝顶，下瞰五湖？彼大雷小雷洞庭诸山，以掌睨可矣。向若引修廊，开邃宇，飞檐眺槛，凌烟架日，则江淮之地著名之寺，斯为最也。此山亦犹人之秉至行，负淳德，无冠裳钟鼎，昌昌晔晔为迩俗不有，宜矣。夫德行者，源也；冠裳钟鼎，流也。苟无其源，流将安发？予敦其源，亦伺其流，希他日之营立，为后世之洪注云。

慧山，即今天江苏无锡之惠山，古称“华山”“西神山”，山上有九峰，蜿蜒若游龙，所以又称“九龙山”。惠山以泉水而著名，特别是“天下第二泉”，向为烹茶的佳品。唐代张又新有《煎茶水记》一文，记述了一段陆羽与李季卿论水的故事。陆羽对各地二十多种泉水进行实地考察，并做了品次，其中，庐山康王谷水为第一，第二就是无锡惠山寺的石泉水。从《游慧山寺记》中，可以窥见陆羽当时访泉探幽的雅兴和视角，也可以间接了解陆羽走访茶区，研究饮茶艺术时的情致。

与诗文相比，当时陆羽在书法上的名声要大得多。据传，陆羽曾应苏州永定寺长老之请，为大殿书“永定寺”三字匾。贞元年间（785—805），陆羽还为王维的一幅画题记，这是一幅《孟浩然吟诗图》。王维是唐代的著名诗人、画家，人称其“诗中有画，画中有诗”。这幅孟夫子的画像，当然也是大手笔，而陆羽的题记则可谓相得益彰：

> 昔周王得骏马，山谷之人献神马八匹；叶公好假龙，庭下见真龙一头；颜太师好异典，郭山人闳赠金匮文；李洪曹好古篆，莫居士赠玉筋字。此四者，得非气合，不召而至焉？中园生旧任杞王府户曹，任广州司马。金陵崔中，字子向，家有古今图画一百余轴，其石上蕃僧、岩中二隐、四方无量寿佛，天下第一。余有王右丞画《襄阳孟公马上吟诗图》并其记，此亦谓之一绝。故赠焉，以裨中园生画府之阙。唐贞元元年正月二十有一日志之。

王维之画，是有感于孟浩然不能被荐于朝廷且坎坷终生而作。从题记中可知，陆羽曾是此画的主人，大约是见崔中爱好藏画，便毅然割爱于他，以成人之美，也是一段文人佳话。

陆羽的书法究竟如何？宋人张洎有一句“词翰奇绝”的评语，所评包括了其文学水平。而明人王绂《书画传习录》中所载的一段话，说得更为明白具体：“手自庄写。其真迹不传于世。宋苏云卿尝临之，观其笔意，盖自褚河南出也。山人曰：甫里、桑苎，先后相望，其高致略同，而书品亦复相似，皆河南氏之翘楚也。”

由此可知，陆羽的书法是师法于褚遂良的。褚遂良之书法，世有“美人不胜罗绮”之称，谓其秀丽婀娜之风。陆羽的书迹在宋代还留于世，常有人以此为范本加以临习，足证其书法水平之高。并且，从王绂的记载中，我们还顺带了解到陆羽与陆龟蒙两人不仅有共同的品茶雅兴，而且两人的书法也同出褚氏之门，实为书坛茶苑的一桩趣事。

同陆羽的书法作品相比，其书法理论更加引人注目，对后世的书法欣赏和品评有着重大的影响。他在《论徐颜二家书》中云：

> 徐吏部不授右军笔法，而体裁似右军；颜太保授右军笔法，而点画不似，何也？有博识君子曰：盖以徐得右军皮肤眼鼻也，所以似之；颜得右军筋骨心肺也，所以不似。

在陆羽看来，徐浩的书法并未得到王羲之的笔法真谛，只不过徒有形表，而颜真卿学王右军，用力在笔法上，尽管形体不像，但能深得王书之精髓。书法临习，要在师法其精神。“神采为上”是中国传统的审美标准，陆羽若没有一定的艺术修养和创作水平，何来这鞭辟入里的鉴赏力。这篇文章，虽只有短短的六十余个字，但对后世书法创作和鉴评有着十分重要的意义。

陆羽与同时期的一些书法家关系甚密，除了颜真卿外，还与草书大家怀素有所往来，他曾为怀素作《僧怀素传》，亦称得上是一件书史名篇。

怀素和他的《苦笋帖》

“苦笋及茗异常佳，乃可径来，怀素上。”

寥寥十四个字，竟成为现存最早的与茶有关的佛门手札，这就是著名的《苦笋帖》。

《苦笋帖》是唐代僧人怀素所书。怀素，字藏真，俗姓钱，湖南长沙人，幼年即出家做了和尚。

怀素以书法而闻名，特别是他的狂草，在中国书法史上有突出的地位。怀素习书极为勤奋，大诗人李白曾这样夸赞他练书的用功：“少年上人号怀素，草书天下称独步。墨池飞出北溟鱼，笔锋杀尽山中兔。”

但是，怀素并不满足于闭门练书，他深感“未能远睹前人奇迹，所见甚浅”，“遂担笈杖锡，西游上国，谒见当代名公。错综其事，遗编绝简，往往遇之，豁然心胸，略无疑滞。鱼笺绢素，多所尘点，士大夫不以为怪焉”（怀素《自叙帖》）。怀素在当时的京城长安（今陕西西安），拜会了许多书法大家，如张旭、颜真卿、韦陟、邬彤等，其中，颜真卿和邬彤对他的影响最大。

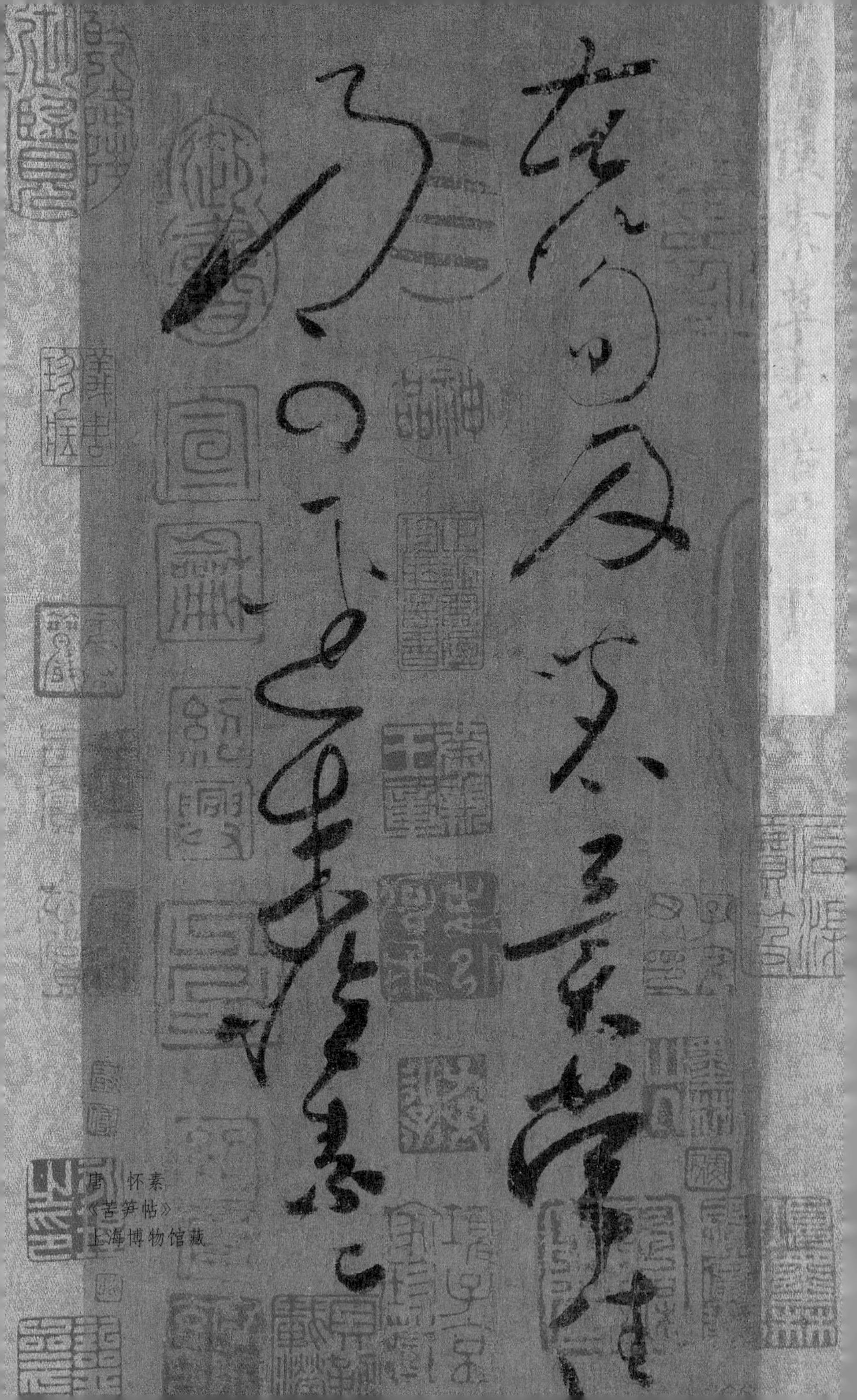

唐　怀素
《苦笋帖》
上海博物馆藏

“茶圣”陆羽对怀素书法艺术的成就也非常关注，我们今天所知道的怀素生平、学书过程、艺术见解及其交游，大多是从陆羽的《僧怀素传》而得到的。

怀素之草书，人惯以“狂”视之。确实，他平时也好饮酒，酒后常常举毫挥洒，所书有鬼神出没之势，世人将他与张旭并称“颠张醉素”。与他的狂草长卷《自叙帖》相比，《苦笋帖》少了些许“狂诡”，增添了几分清逸，颇具古雅淡泊的意趣。

《苦笋帖》，绢本，纵25.1厘米，横12厘米，字径约3.3厘米，清时曾珍藏于内府，现藏上海博物馆。《苦笋帖》虽幅短字少，但却是怀素真迹中最为可靠的一件，因而此帖堪称书林、茶界之一大鸿宝。

从《苦笋帖》的内容及书法的艺术感染力可以感知，怀素是那么爱茶、知茶，那么迫切需要茶。除《苦笋帖》外，怀素没有第二件与茶有关的作品传世。但是，这并不妨碍我们了解他在那个时代、那种氛围中与茶所产生的种种缘分。

颜真卿与陆羽过从甚密，由《僧怀素传》所述又可知，颜真卿与怀素的关系亦极为密切，两人妙语论书，已传为千古佳话。为人作传者，一般不是亲人便是好友。《僧怀素传》内容丰富，人物情态栩栩如生，人物对话合乎其身份，如陆羽为界外之人，要写出这篇传记是不可思议的。

我们通过《僧怀素传》可以知道，唐代“大历十才子”之一的钱起是怀素的长辈。钱起有《送外甥怀素上人归乡侍奉》诗作，题目中称怀素为“外甥”。

钱起也是个嗜茶之士，他有两首茶诗甚为著名。

一是《与赵莒茶宴》：

竹下忘言对紫茶，全胜羽客醉流霞。

尘心洗尽兴难尽，一树蝉声片影斜。

二是《过长孙宅与郎上人茶会》：

偶与息心侣，忘归才子家。

玄谈兼藻思，绿茗代榴花。

岸帻看云卷，含毫任景斜。

松乔若逢此，不复醉流霞。

诗句内容极赞茶饮，特别是通过与酒的比较，更突出了茶饮的独特韵味。

可见，在怀素的交游中，有一个浓浓的茶饮氛围。将这种氛围再扩而大之，从整个社会的文化性来考察，那么，怀素《苦笋帖》的产生又有了更为合理的缘由，这就是唐代茶饮与佛教的关系。

唐人封演所著《封氏闻见记》中说："开元中，泰山灵岩寺有降魔禅师大兴禅教。学禅务于不寐，又不夕食，皆许其饮茶。人自怀挟，到处煮饮，从此转相仿效，遂成风俗。"

茶在学禅之人的生活中，首先是为了"不寐"，即驱困提神。僧人打坐，讲究凝神静气，头正背直，不动不摇，不委不倚。茶除了提神的功效外，还有清心寡欲、消滞去脂的作用。苦笋似也有相同的作用，因而也很受学禅之人的喜爱。

苦笋与茶的性状，同佛道中人有许多相通的地方。茶与佛教的关系，具体的是与佛教徒生活的关系，早在晋代已经产生，大概是因为当时佛学的不普遍和茶叶生产的限制，终未达到引人注目的程度。而唐代是个茶叶生产大发展的时代，产量的丰硕，足以保证饮茶之风快速蔓延的需求。同时，饮茶之风的兴盛，也促进了佛教的发展。

唐高祖定都长安后，着手健全了各种制度，兴办文化事业，到太宗时期，出现了“贞观之治”的鼎盛气象，国力强大，朝廷对文化，尤其是佛教文化，采取了十分宽容的政策，佛教受到了唐代帝室和贵族的尊重。玄奘、义净等又西去天竺，携大批印度经卷回归长安。从此，中国佛教形成了多个宗派，佛教信仰及佛教文化渗透到了百姓生活之中。唐代的茶饮以及茶文化中禅意的确立，在怀素《苦笋帖》那勾连盘行而简洁飞动的笔画中，我们已可感知。

唐代茶诗掇英

源远流长的中国古代文学，发展到唐代，进入了一个高度成熟的黄金时期，唐诗是这一时代最有代表性的文学样式，遗留下来的就有近五万首。

唐代有关茶的诗歌，在整个唐诗中的比例不大，但是，诗人们对茶所寄予的创作热情，则是令人瞩目的。存世的唐代茶诗，既是整个唐代乃至整个古代诗歌的有机组成部分，也是中国茶叶发展史和茶文化发展史上一笔十分可观的精神财富。茶诗的作者们在表达自己炽热情感之同时，也客观地记录了那个时代的茶叶生产和茶文化发展状况。

这些诗歌的形式包括古诗、律诗、绝句等，就题材来看，有吟咏名茶、茶人、煎茶、饮茶、茶具、采茶、制茶等内容。

李白《答族侄僧中孚赠玉泉仙人掌茶》：

尝闻玉泉山，山洞多乳窟。

仙鼠白如鸦，倒悬清溪月。

茗生此中石，玉泉流不歇。
根柯洒芳津，采服润肌骨。
丛老卷绿叶，枝枝相接连。
曝成仙人掌，以拍洪崖肩。
举世未之见，其名定谁传。
宗英乃禅伯，投赠有佳篇。
清镜烛无盐，顾惭西子妍。
朝坐有余兴，长吟播诸天。

这首诗采用一种平淡如白描的手法，记述了唐代这一初露异质的名茶——仙人掌茶。在此诗的序中，李白记述了这样一些有关“仙人掌茶”的内容。

产地和环境——荆州玉泉寺，坐落于清溪诸山之中。山中乳窟有泉水叮咚，号称“仙鼠”的白蝙蝠长年栖息于此。清泉边颇多茶树，长势茂盛。

茶之主人及茶之特征——茶生寺旁，应为禅人所栽，“玉泉真公”常掇而饮之，其虽已八十高龄，却是面若桃花，李白认为这是此茗“还童振枯扶人寿”的功效所致。李白由其族侄所赠，得到数十片茶。茶似拳头那样的重实，其形状如手，这应是“仙人掌茶”之名称的由来。

李白的诗，则是这些内容的艺术化。

从李白的“序”中还不难看出，他的族侄僧中孚是个好茶之人。据有关史料记载，中孚是玉泉寺僧人，俗名李英，“中孚”为其法名。他精通佛理，擅词翰，特爱品茶。每年清明之际，他都要吩咐沙弥从乳窟外采摘鲜叶，制成仙人掌状，以供奉来寺的香客。从李白的“因持之见遗，兼赠诗，要余答之”来看，中孚对“仙人掌茶”的品质是相当自信的，他既做了茶又作了诗，一起送给李白，渴望得到李白的认同和评价。应该说，李白并未使之失望，一篇长序，一首五言古诗，使“仙人掌茶”名扬于世。这正如李白在“序”中所称的：“后之高僧大隐，知仙人掌茶，发乎中孚禅子及青莲居士李白也。”

李白身后，玉泉寺屡遭兵燹，仙人掌茶也随之绝迹。在20世纪60年代，当地茶业部门曾根据李白之诗及序，积极恢复仙人掌茶，其产品叶片外形如掌，色泽银光隐翠，香气清鲜淡雅，汤色微绿明净，再现了李白笔下唐代名茶的风采。

中国的茶叶入贡，其历史大大早于唐代，有人甚至认为茶叶入贡于西周时期已经开始，但真正有较大规模且形成一套制度的，则是在唐代。

唐代是茶叶大发展时期，其品质和产量均优于前朝，由于茶叶饮用的普及，这种质与量的提高，形成一种良性的循环。同时，茶叶的上贡，也促使着品质的提高和品类的增多。据有关史料记载，唐代贡茶的大规模兴起，还与陆羽有着密切的关系。

唐《义兴县新修茶舍记》云：

> 义兴贡茶非旧也，前此故御史大夫李栖筠实典是邦。山僧有献佳茗者，会客尝之，野人陆羽以为芬香甘辣，冠于他境，可荐于上。栖筠从之，始进万两。此其滥觞也。厥后因之，征献浸广，遂为任土之贡，与常赋之邦侔矣。每岁选匠征夫，至二千余人云。

宋代金石学家赵明诚对此曾有过一段评论：

予尝谓后世士大夫，区区以口腹玩好之献为爱君，此与宦官、宫妾之见无异，而其贻患百姓，有不可胜言者。如贡茶，至末事也，而调发之扰犹如此，况其甚者乎！羽盖不足道，呜呼，孰谓栖筠之贤而为此乎！书之可为后来之戒，且以见唐世义兴贡茶自羽与栖筠始也。

唐代贡茶中，以顾渚茶和阳羡茶为最。前者产于湖州顾渚山（今浙江湖州长兴），又名“紫笋茶”；后者产于常州义兴（今江苏宜兴），也称“义兴紫笋”。唐代诗歌对贡茶的称颂，大有言必称紫笋的风气，可见其影响之大。

白居易的《夜闻贾常州、崔湖州茶山境会亭欢宴》诗，形象而确切地记述了在紫笋茶采制季节，湖、常两郡分山造茶，欢庆于境会亭中的场面，也记述了同名“紫笋”的两大名茶互相斗异争妙的激烈竞争，诗中还叙述了自己因卧病而不能参加这次盛大的茶宴而感到十分的遗憾。诗云：

遥闻境会茶山夜，珠翠歌钟俱绕身。
盘下中分两州界，灯前各作一家春。
青娥递舞应争妙，紫笋齐尝各斗新。
自叹花时北窗下，蒲黄酒对病眠人。

张文规所作《湖州贡焙新茶》，则描写了紫笋茶从千里之外贡达京城的情形：

凤辇寻春半醉归，仙娥进水御帘开。

牡丹花笑金钿动，传奏湖州紫笋来。

诗歌的作者张文规，猗氏（今山西临猗）人，曾担任湖州刺史。诗中的“凤辇”是指皇帝的“专车”，“仙娥”是指美貌的宫女。她们一见紫笋茶已经送到，赶忙向游春归来的皇帝禀报，可见皇室喜爱紫笋茶的热烈程度。这一切，在诗人笔下鲜活地再现了出来。

我们能据以知晓唐代紫笋茶的形成和为入贡而进行的浩大劳动的历史诗作，有唐代袁高、杜牧、李郢等的作品，其中的某些作品，也可视为茶业中的“诗史”。

袁高的《茶山诗》：

禹贡通远俗，所图在安人。

后王失其本，职吏不敢陈。

亦有奸佞者，因兹欲求伸。

动生千金费，日使万姓贫。

我来顾渚源，得与茶事亲。

甿辍耕农耒，采采实苦辛。

一夫旦当役，尽室皆同臻。

扪葛上欹壁，蓬头入荒榛。

终朝不盈掬，手足皆鳞皴。

悲嗟遍空山，草木为不春。

阴岭芽未吐，使者牒已频。

心争造化功，走挺麋鹿均。

选纳无昼夜，捣声昏继晨。

众工何枯槁，俯视弥伤神。

皇帝尚巡狩，东郊路多堙。

周回绕天涯，所献愈艰勤。

况减兵革困，重兹固疲民。

未知供御余，谁合分此珍。

顾省忝邦守，又惭复因循。

茫茫沧海间，丹愤何由伸。

袁高，字公颐，沧州（今河北沧州）人，唐肃宗朝进士，代宗、德宗朝累官至御史中丞。由此诗也可知袁高曾为湖州地方官。据史料记载，袁高性耿直，名闻于当时，所以，他对大肆劳民伤财采制贡茶颇有意见，就如《西吴里语》中记载的，“袁高刺郡，进（茶）三千六百串，并诗一章”。这首诗是与三千六百串贡茶一道“贡”上去的，不过，皇帝还算有雅量，“自袁高以诗进规，遂为贡茶轻省之始”（《〈石柱记〉笺释》）。以艺术的形式，积极参与时政，《茶山诗》以诗进谏，实实在在地缓解了茶农们的困苦，堪称功莫大焉。

与袁高的《茶山诗》有异曲同工之妙的，是李郢的《茶山贡焙歌》，在倾诉茶工倍遭奴役的同时，也保留着许多有关紫笋茶制作方法及品质特色的内容：

使君爱客情无已，客在金台价无比。

春风三月贡茶时，尽逐红旌到山里。

焙中清晓朱门开，筐箱渐见新芽来。

凌烟触露不停采，官家赤印连帖催，

朝饥暮匍谁兴哀。

喧阗竞纳不盈掬，一时一饷还成堆。

蒸之馥之香胜梅，研膏架动轰如雷。

茶成拜表贡天子，万人争啖春山摧。

驿骑鞭声砉流电，半夜驱夫谁复见。

十日王程路四千，到时须及清明宴。

吾君可谓纳谏君，谏官不谏何由闻。

九重城里虽玉食，天涯吏役长纷纷。

使君忧民惨容色，就焙尝茶坐诸客。

几回到口重咨嗟，嫩绿鲜芳出何力。

山中有酒复有歌，乐营房户皆仙家。

仙家十队酒百斛，金丝燕馔随经过。

使君是日忧思多，客亦无言征绮罗。

殷勤绕焙复长叹，官府例成期如何。

吴民吴民莫憔悴，使君作相期苏尔。

与袁高和李郢诗中描写的茶农们那种“一夫旦当役，尽室皆同臻。扪葛上欹壁，蓬头入荒榛”的情形相对比，刘禹锡、姚合、杜牧的茶诗，其着眼点更重于对贡茶季节春光明媚、山清水秀和茶香处处的身心体验。

刘禹锡有《洛中送韩七中丞之吴兴口号五首》，其一有句云：

溪中士女出笆篱，溪上鸳鸯避画旗。

何处人间似仙境，春山携妓采茶时。

姚合《寄杨工部闻毗陵舍弟自罨溪入茶山》：

采茶溪路好，花影半浮沉。
画舸僧同上，春山客共寻。
芳新坐石际，幽嫩在山阴。
色是春光染，香惊日色侵。
试尝应酒醒，封进定恩深。
芳贻千里外，怡怡太府吟。

杜牧《题茶山》，其中有句云：

山实东吴秀，茶称瑞草魁。
剖符虽俗吏，修贡亦仙才。
溪尽停蛮棹，旗张卓翠苔。
柳村穿窈窕，松涧度喧豗
等级云峰峻，宽平洞府开。
拂天闻笑语，特地见楼台。
泉嫩黄金涌，牙香紫璧裁。
拜章期沃日，轻骑疾奔雷。
舞袖岚侵涧，歌声谷答回。

除紫笋茶外，唐代贡茶还有不少，其名虽不如紫笋茶大，却也都是一方奇珍，在品质特色上各领风骚，因而也深得诗人们的青睐。

曹邺《故人寄茶》诗，是对友人所赠贡茶“九华英”的形质及功效的热情吟唱，其中有句“月余不敢费，留伴肘书行”，真切地表露了作者对该茶的极度珍爱。

齐己有《谢邕湖茶》诗。邕湖茶，是唐代名茶之一，产于湖南邕湖（今湖南岳阳南湖）。唐代李肇的《唐国史补》记载有“岳州有邕湖之含膏”。北宋的范致明在《岳阳风土记》中说：“邕湖诸山旧出茶，谓之邕湖茶。李肇所谓‘岳州有邕湖之含膏’也，唐代极重之，见于篇什。今人不甚种植，惟白鹤僧园有千余本，土地颇类北苑，所出茶一岁不过一二十两，土人谓之‘白鹤茶’，味极甘香，非他处草茶可比，并茶园地色亦相类，但土人不甚植尔。”可知，邕湖含膏茶在宋代时已经逐渐湮没。因而，齐己的《谢邕湖茶》诗有一定的史料价值：

> 邕湖唯上贡，何以惠寻常。
> 还是诗心苦，堪消蜡面香。
> 碾声通一室，烹色带残阳。
> 若有新春者，西来信勿忘。

在唐代的咏茶诗中，最能切入欣赏范畴的应该是一些煎茶诗、饮茶诗。许多茶诗的作者，能从一杯茶中生发出许多味外之味，使饮茶日益走向具有审美个性的独特艺术境界。

释皎然的《九日与陆处士羽饮茶》诗：

> 九日山僧院，东篱菊也黄。
> 俗人多泛酒，谁解助茶香？

按习俗，在农历九月初九即重阳节时要登高，并饮菊花酒，但是，就在这一天，皎然和陆羽以茶代酒，而且以菊花为茶香之助，还自负地发问："谁解助茶香？"这大概也是较早地提到饮茶与饮酒有雅俗之分的一首诗了。

刘言史《与孟郊洛北野泉上煎茶》：

粉细越笋芽，野煮寒溪滨。
恐乖灵草性，触事皆手亲。
敲石取鲜火，撇泉避腥鳞。
荧荧爨风铛，拾得堕巢薪。
洁色既爽别，浮氳亦殷勤。
以兹委曲静，求得正味真。
宛如摘山时，自啜指下春。
湘瓷泛轻花，涤尽昏渴神。
此游惬醒趣，可以话高人。

该诗记述了作者与孟郊在洛北野外拾枝汲泉，烹茶自饮的一段美好时光。诗中所提到的"恐乖灵草性""避腥鳞""洁色""委曲静""正味真""涤尽昏渴神""话高人"等，均勾勒出作者求真、求美、求洁的意愿，也将饮茶提升到脱尘超俗的美好境界，令人向往之至。

除此之外，还有灵一的《与元居士青山潭饮茶》：

野泉烟火白云间，坐饮香茶爱此山。
岩下维舟不忍去，青溪流水暮潺潺。

白居易的《山泉煎茶有怀》和《睡后茶兴忆杨同州》两首诗，均表达了一个共同的主题。

坐酌泠泠水，看煎瑟瑟尘。
无由持一碗，寄与爱茶人。

——《山泉煎茶有怀》

昨晚饮太多，嵬峨连宵醉。
今朝餐又饱，烂熳移时睡。
睡足摩挲眼，眼前无一事。
信脚绕池行，偶然得幽致。
婆娑绿阴树，斑驳青苔地。
此处置绳床，傍边洗茶器。
白瓷瓯甚洁，红炉炭方炽。
沫下曲尘香，花浮鱼眼沸。
盛来有佳色，咽罢余芳气。
不见杨慕巢，谁人知此味。

——《睡后茶兴忆杨同州》

前首诗中，以“泠泠”“瑟瑟”的叠词来衬托白居易的孤清，以“无由持一碗，寄与爱茶人”点明他渴望与“爱茶人”共同把盏论道的心情。

后面一首诗的手法则有所改变，先是以醉后初醒的神情作铺垫，紧接着想到要烹茶，等到名器好茶一应俱全，突然才发觉“不见杨慕巢，谁人知此味”。前面所描写的种种饮茶的兴致，烹茶的各种佳器以及色香味俱全的茶叶，都因为缺少一个知音而变得毫无意义了。如此，便托出了“茶对知己”这样一个具有浓重文化意义的深刻命题。

相对于白居易这种饮茶审美观，另有一种提倡自悟自觉的独省主义的品茶思想。

刘禹锡有《西山兰若试茶歌》：

山僧后檐茶数丛，春来映竹抽新茸。
宛然为客振衣起，自傍芳丛摘鹰嘴。
斯须炒成满室香，便酌沏下金沙水。
骤雨松风入鼎来，白云满碗花徘徊。
悠扬喷鼻宿酲散，清峭彻骨烦襟开。
阳崖阴岭各殊气，未若竹下莓苔地。
炎帝虽尝未解煎，桐君有箓那知味。
新芽连拳半未舒，自摘至煎俄顷余。
木兰沾露香微似，瑶草临波色不如。
僧言灵味宜幽寂，采采翘英为嘉客。
不辞缄封寄郡斋，砖井铜炉损标格。
何况蒙山顾渚春，白泥赤印走风尘。
欲知花乳清泠味，须是眠云跂石人。

刘禹锡此诗，从表面上来看，是写了西山兰若（寺院）中所见的采茶烹茶经过，诗中“斯须炒成满室香”一句，还透露出唐代已经出现炒青茶工艺的重要信息。但诗的主旨却是在末尾两句，“欲知花乳清泠味，须是眠云跂石人”。也就是说，如不是甘于幽寂，悉心参悟，是难以真正领略到茶的真味的，充其量也只知解渴提神的功利性效果而已。

在唐诗中，有一首名为《喜园中茶生》的五律诗，作者为韦应物。从诗的内容看，它绝对是一首颇具言外之意的品茶佳作：

洁性不可污，为饮涤尘烦。
此物信灵味，本自出山原。
聊因理郡余，率尔植荒园。
喜随众草长，得与幽人言。

在韦氏的笔下，茶的好洁之性格和气质十分鲜明，栽植虽不经意，却更好地保持了“山原”本色，与周围的春草共生长，也并不因为自身的高洁而鄙视“众草”，在清高的同时，还保留着坦然的生活态度。

在茶的品饮诗中，卢仝的《走笔谢孟谏议寄新茶》一诗，影响力极大，千年之后仍广为吟诵，并且对后代的饮茶诗创作产生了深远影响，所谓的“七碗”之吟，被视为道尽了茶的神功奇效。

日高丈五睡正浓，军将打门惊周公。
口云谏议送书信，白绢斜封三道印。
开缄宛见谏议面，手阅月团三百片。
闻道新年入山里，蛰虫惊动春风起。
天子须尝阳羡茶，百草不敢先开花。
仁风暗结珠琲瓃，先春抽出黄金芽。
摘鲜焙芳旋封裹，至精至好且不奢。

至尊之余合王公，何事便到山人家。

柴门反关无俗客，纱帽笼头自煎吃。

碧云引风吹不断，白花浮光凝碗面。

一碗喉吻润，二碗破孤闷。

三碗搜枯肠，惟有文字五千卷。

四碗发轻汗，平生不平事，尽向毛孔散。

五碗肌骨清，六碗通仙灵。

七碗吃不得也，唯觉两腋习习清风生。

蓬莱山，在何处？

玉川子乘此清风欲归去。

山中群仙司下土，地位清高隔风雨。

安得知百万亿苍生命，堕在颠崖受辛苦！

便为谏议问苍生，到头合得苏息否？

卢仝，自号玉川子，范阳（今河北涿州）人。年轻时，家境贫寒，刻苦读书而不愿为仕，后隐居少室山，其诗文师从韩愈。

卢仝嗜茶，一生中写过许多诗作，故其诗中也反映出这种特别的爱好。《走笔谢孟谏议寄新茶》是其代表作，后人也称之为“七碗茶歌”。

孟谏议，名简，字畿道，德州平昌（今山东商河以北）人，因官至谏议大夫，故称“孟谏议”。唐元和六年（811），孟简出任常州刺史。卢仝得到孟简送的极品贡茶阳羡茶，自然很是高兴，诗兴大发，挥笔疾书，留下了这首千古绝唱。

《走笔谢孟谏议寄新茶》全诗二百余字，以“得茶”“饮茶”“感茶”三部分内容构成篇章。自“日高丈五睡正浓”至

宋　佚名（旧传刘松年作）　《卢仝煮茶图》　故宫博物院藏

“何事便到山人家”，描写了阳羡茶的品质和自己得到新茶惊喜的心情。从“柴门反关”到“乘此清风欲归去”，为饮茶过程的记述，反映了卢仝饮茶的一种体验，这种体验随着感觉的升华而不断展示出新的意境，从解渴、破闷到激发创作欲望、释放内心的压抑，一直到百虑皆忘，飘摇欲仙，从现实到理想，何其快哉。诗中的“一碗”“二碗”，直至“七碗”都是虚数，作为诗歌创作的一种艺术手法，它有引人入胜、一气呵成的效果；作为内容，它表现了饮茶所带来的一连串“拾级而上”的审美愉悦。

“蓬莱山，在何处？玉川子乘此清风欲归去。”但是，卢仝并未“归去”，而是笔锋一转，发问道：“山中群仙司下土，地位清高隔风雨。安得知百万亿苍生命，堕在颠崖受辛苦！便为谏议问苍生，到头合得苏息否？”从理想世界又回到现实世界，展示了茶农采茶、制茶的艰辛，与受贡阶级的奢靡生活形成强烈对比。这种结局，不仅在艺术手法上与诗的开头成首尾呼应之势，而且还与卢仝的生平、性格、政治主张相吻合。

从品茶艺术的角度来看，卢仝在诗中所描写的“一碗”至“七碗”的境界，是由茶对人的实用功效，即“喉吻润”（解渴）、“破孤闷”（去烦）和“搜枯肠”（提神），发展到茶对于人的精神世界的陶冶过程。这种过程的表达和描写，完全是出于一种饮茶审美的亲身体验。在“四碗”以后的诗句中，我们不难感受到，在卢仝的眼里，饮茶已经是一种寄托和理想，其诗作拓展了后世饮茶文化的精神内涵。

卢仝“七碗茶歌”对后世影响甚大，唐以后的诗作中不时可见到“茶歌”的回音。如宋代苏轼的《汲江煎茶》、梅尧臣的《尝茶和公议》，元代耶律楚材的《西域从王君玉乞茶因其韵七首》、谢宗可的《茶筅》，明代潘允哲的《谢人惠茶》、徐渭的《某伯子惠虎丘茗谢之》等，都不同程度地化用或借用了“七碗茶歌”的诗意。

皮日休和陆龟蒙是晚唐诗人。皮日休，字逸少，后改袭美，早年隐居于鹿门山，自号鹿门子、间气布衣等，襄阳（今湖北襄樊）人，咸通八年（867）进士，曾任太常博士，后参加黄巢起义军，任翰林学士。咸通九年（868），皮日休东游至苏州，其间，与陆龟蒙交好，二人过从甚密，多有诗歌唱和。

陆龟蒙，字鲁望，自号江湖散人、甫里先生，又号天随子，长洲（今江苏苏州）人，曾任苏、湖两州从事，后隐居甫里。

史载，陆龟蒙精通《六经》《春秋》，他家里有田地数百亩，房屋三十多间，算得上是富庶之门，但他却亲事农耕，并撰写了专论农具的著作《耒耜经》，表达自己的农本思想，实属难能可贵。陆龟蒙嗜好饮茶，他在顾渚山下植有一片茶园，交当地茶农种采，自己每年从中取得些新茶，用以品饮。陆龟蒙最不喜欢与平庸俗气之人交往，常常“升舟设篷席，赍束书、茶灶、笔床、钓具往来”，所以自称为“江湖散人”。朝廷曾经将他视为“高士”，招他上朝，陆氏不为所动，因而史书中将他列为隐逸一类人物。

皮日休、陆龟蒙有关茶的唱和诗，是皮日休先作，名《茶中杂咏》，共十首，陆龟蒙和之，名为《奉和袭美茶具十咏》，也是十首。皮日休为此曾作过一篇序，对茶的饮用历史做了简要回顾，并认为所收集的包括《茶经》在内的历代文献中，对茶叶各方面的记述已是无所遗漏，但在自己的诗歌中却没能得到反映，实引以为憾。这就是他创作《茶中杂咏》的缘由。

《茶中杂咏》的题目分别为“茶坞”“茶人”“茶笋”“茶籝”“茶舍”“茶灶”“茶焙”“茶鼎”“茶瓯”“煮茶”，可以说，已比较全面地以艺术的形式反映了茶叶生长、采制、烹饮的过程，并且包括了这个过程中的有关细节和具体内容，皮日休和陆龟蒙一唱一和，在诗咏中所注入的感情色彩，更进一步丰富了其文化内涵和艺术魅力。

其一《茶坞》：

闲寻尧氏山，遂入深深坞。
种荈已成园，栽葭宁记亩。
石洼泉似掬，岩罅云如缕。
好是夏初时，白花满烟雨。

——皮日休

茗地曲隈回，野行多缭绕。
向阳就中密，背涧差还少。
遥盘云髻慢，乱簇香篝小。
何处好幽期，满岩春露晓。

——陆龟蒙

其二《茶人》：

生于顾渚山，老在漫石坞。
语气为茶荈，衣香是烟雾。
庭从槶子遮，果任獳师虏。

日晚相笑归，腰间佩轻篓。

——皮日休

天赋识灵草，自然钟野姿。

闲来北山下，似与东风期。

雨后采芳去，云间幽路危。

唯应报春鸟，得供斯人知。

——陆龟蒙

其三《茶笋》：

褎然三五寸，生必依岩洞。

寒恐结红铅，暖疑销紫汞。

圆如玉轴光，脆似琼英冻。

每为遇之疏，南山挂幽梦。

——皮日休

所孕和气深，时抽玉苕短。

轻烟渐结华，嫩蕊初成管。

寻来青霭曙，欲去红云暖。

秀色自难逢，倾筐不曾满。

——陆龟蒙

其四《茶籝》：

筤篣晓携去，蓦个山桑坞。
开时送紫茗，负处沾清露。
歇把傍云泉，归将挂烟树。
满此是生涯，黄金何足数。

——皮日休

金刀劈翠筠，织似波纹斜。
制作自野老，携持伴山娃。
昨日斗烟粒，今朝贮绿华。
争歌调笑曲，日暮方还家。

——陆龟蒙

其五《茶舍》：

阳崖枕白屋，几口嬉嬉活。
棚上汲红泉，焙前蒸紫蕨。
乃翁研茗后，中妇拍茶歇。
相向掩柴扉，清香满山月。

——皮日休

旋取山上材，架为山下屋。
门因水势斜，壁任岩隈曲。
朝随鸟俱散，暮与云同宿。
不惮采掇劳，只忧官未足。

——陆龟蒙

其六《茶灶》：

南山茶事动，灶起岩根傍。
水煮石发气，薪燃杉脂香。
青琼蒸后凝，绿髓炊来光。
如何重辛苦，一一输膏粱。

——皮日休

无突抱轻岚，有烟映初旭。
盈锅玉泉沸，满甑云芽熟。
奇香袭春桂，嫩色凌秋菊。
炀者若吾徒，年年看不足。

——陆龟蒙

其七《茶焙》：

凿彼碧岩下，恰应深二尺。
泥易带云根，烧难碍石脉。
初能燥金饼，渐见干琼液。
九里共杉林，相望在山侧。

——皮日休

左右捣凝膏，朝昏布烟缕。
方圆随样拍，次第依层取。
山谣纵高下，火候还文武。

见说焙前人，时时炙花脯。

——陆龟蒙

其八《茶鼎》：

龙舒有良匠，铸此佳样成。
立作菌蠢势，煎为潺湲声。
草堂暮云阴，松窗残雪明。
此时勺复茗，野语知逾清。

——皮日休

新泉气味良，古铁形状丑。
那堪风雪夜，更值烟霞友。
曾过赪石下，又住清溪口。
且共荐皋卢，何劳倾斗酒。

——陆龟蒙

其九《茶瓯》：

邢客与越人，皆能造兹器。
圆似月魂堕，轻如云魄起。
枣花势旋眼，蘋沫香沾齿。
松下时一看，支公亦如此。

——皮日休

昔人谢坻埞，徒为妍词饰。
岂如圭璧姿，又有烟岚色。
光参筠席上，韵雅金罍侧。
直使于阗君，从来未尝识。

——陆龟蒙

其十《煮茶》：

香泉一合乳，煎作连珠沸。
时看蟹目溅，乍见鱼鳞起。
声疑松带雨，饽恐烟生翠。
傥把沥中山，必无千日醉。

——皮日休

闲来松间坐，看煮松上雪。
时于浪花里，并下蓝英末。
倾余精爽健，忽似氛埃灭。
不合别观书，但宜窥玉札。

——陆龟蒙

皮日休其人，由官场的失意而向往闲适的生活，进而又投身于暴风骤雨般的农民起义之中，真可称得上是从一个极端走向另一个极端。在诗歌及其他文学创作上，他深受李白、杜甫、白居易的影响，就是在与陆龟蒙等人的交往中，他也时时流露出对现实生活的关注。如《茶中杂咏》诗中的“如何重辛苦，一一输膏梁”，与其他的许多反映社会黑暗的诗歌、散文一样，充分地表露出他体恤贫寒、“缘事而发”的精神，足以证明他后来加入黄巢起义军的行为绝非一时心血来潮。

陆龟蒙看似比皮日休“隐逸”得多，但对时弊的鞭挞也是入木三分。他因举进士不第而隐居于松江甫里（今江苏苏州角直），其散文、诗歌均以讽喻而著名。《奉和袭美茶具十咏·茶舍》中的“不惮采掇劳，只忧官未足”就是一例。从陆氏好农耕、亲事茶的生活，以及对现实社会问题的关注来看，他是“隐”而不“逸”的。

鲁迅在《小品文的危机》一文中曾这样评价皮、陆二人：“唐末诗风衰落，而小品文放了光辉。……皮日休和陆龟蒙，自以为隐士，别人也称之为隐士，而看他们在《皮子文薮》和《笠泽丛书》中的小品文，并没有忘记天下，正是一塌胡涂的泥塘里的光彩和锋铓。”

在小品文中忘不了天下，在诗歌中更不能忘却。皮日休和陆龟蒙并非如其他的隐士、处士那样的孤芳自赏，也正是他们对现实的关注，《茶中杂咏》诗中记述了详尽的事茶方法。这些作品对唐代茶叶研究来说有着极为重要的史料价值，而在“艺”的方面，也同样具有相当的地位，正是由于皮、陆的唱和所具有的“史”和“艺”的双重价值，我们将其作为唐代茶诗艺术的一个小结。

扑朔迷离的《萧翼赚兰亭图》

一个扣人心弦的故事，催生了一幅千古名画，不是茶的主题，却隐隐地透着茶的芬芳。

东晋永和九年（353）三月三日，“天朗气清，惠风和畅”。晋右将军会稽内史，后被尊称为“书圣”的王羲之，与孙统、孙绰、王彬之、谢安、郗昙、王蕴、支遁，及王羲之的三个儿子王凝之、王徽之、王操之等名士四十余人，汇集在山阴（今浙江绍兴）兰亭，举行了一次修禊之仪。

在茂林修竹、流觞曲水中，王羲之应众人之邀，趁着微醺，展开蚕茧纸，濡墨鼠须笔，洋洋洒洒挥笔写就了一篇名为《兰亭集序》的妙文。这篇手稿共二十八行，三百二十四字，文采斐然，书法飘逸遒劲，如有神助。酒醒后，王羲之自己也觉得十分满意。过了几天，他又连续书写了许多本同样内容的“兰亭”，但始终达不到那天的水平，因而王羲之对其更加珍爱，《兰亭集序》理所当然地成了王氏传家之宝。

王羲之殁后，《兰亭集序》由其子孙收藏，后传至第七代孙、僧人智永。智永年近百岁之际，又将《兰亭》传于得意弟子辩才。

辩才，俗姓袁，博学工文，琴棋书画皆得其妙。他对《兰亭集序》呵护有加，在卧室的大梁上镂凿了一个暗龛，将《兰亭集序》藏于其中，平日绝不轻易示人，真可谓煞费苦心。

唐代贞观年间（627—649），太宗李世民于“六艺”之中独爱书法，特别是王羲之的法帖，他以一国之主的身份，花费大量金银，立誓收尽天下王羲之的墨宝。但是，在林林总总的王氏作品中，偏偏独缺那件被誉为“天下第一行书”的《兰亭集序》。只闻其名，不知所终，唐太宗为此终日闷闷不乐，茶饭无味。经过一段时间的查询，终于得知《兰亭集序》在辩才手中。

唐太宗闻讯大喜，便请辩才到了内宫，以礼相待，并且慢慢将话题引向《兰亭集序》，询问其下落。辩才则是心存戒意，一口咬定：“往日侍奉先师，实尝获见，自禅师殁后，几经丧乱，坠失不知所在。”

唐太宗见辩才如此禀告，也不便再追问下去。但事后推想《兰亭集序》一定还在其手中，于是，又下诏将辩才召进宫，再三询问。而辩才则是死活不松口，照旧还是那么几句话，唐太宗只得作罢，但依旧对此事耿耿于怀。一天，他对左右侍臣说：“右军之书，朕所偏宝，就中逸少之迹，莫如《兰亭》，求见此书，营于寤寐。此僧耆年，又无所用，若得一智略之士，以设谋计取之。”

经尚书右仆射房玄龄的推荐，这一任务落在了监察御史萧翼的肩上。

萧翼对唐太宗说：“我若以公使的身份去见辩才，肯定又是徒劳一场，请皇上允许我微服私访，另外，再借我一些王羲之父子的杂帖。”唐太宗悉依所求。

这日，萧翼身着宽长的衣衫，一副潦倒的书生模样，在天色将晚之时，到了永欣寺。

萧翼信步而入，装作欣赏壁画，经过辩才禅室门口，正好与之相遇。辩才一见来人，便问安请坐。萧翼自我介绍说：“弟是北人，将少许蚕种来卖，在此有幸与禅师相遇。”

寒暄既毕，辩才将其引入房中用茶，两人“即共围棋抚琴，投壶握朔，谈说文史，意甚相得”。辩才十分欣赏萧翼的才气，便执意留他在禅院中宿夜。当晚，辩才又“设缸面、药酒、茶果等”款待萧翼，两人诗歌唱和，大有相见恨晚之感。

如此这般地过了几天后，萧翼对辩才说：“弟子先世，皆传二王楷书法，弟子又幼来耽玩，今亦有数帖自随。”

辩才一听，非常高兴，说：“明日来，可把此看。”

第二天，萧翼将几帧王帖示于辩才，辩才一一过目，颇有矜持之态：“是即是矣，然未佳善。贫僧有一真迹，颇亦殊常。”

“何帖？”

“《兰亭集序》。”辩才一抬嗓子。

萧翼却是欲擒故纵，装作哂笑的语气说：“数经乱离，真迹岂在？必是响拓伪作耳。”

“禅师在日保惜，临亡之时，亲付于吾，付受有绪，那得参差？可明日来看。”辩才显然急了。

第二天，萧翼一进门，就看到案几上摆放着辩才早早地从屋梁上取出的《兰亭集序》。萧翼细细看后，强捺住心中的狂喜，仍然不露声色地说：“果然是响拓书也。”辩才一听，立即与他

展开了激烈的争论。

这本《兰亭集序》自从给萧翼看过后，就再没有放回房梁暗龛，而是与萧翼带来的二王诸帖一起放在了案几上。

几天后，辩才出门访客，萧翼一看时机已到，便来到书房与辩才的弟子说，一些书帛忘记带了。其弟子便开门让他进房。萧翼便将《兰亭集序》与其他二王字幅一股脑儿卷了就走。到了地方官衙内，萧翼即以御史的身份传唤辩才。待辩才进来，萧翼正襟危坐，向他道明："吾奉敕遣来取《兰亭》，《兰亭》今得

唐　阎立本（传）《萧翼赚兰亭图》（南宋摹本）　台北故宫博物院藏

矣，故唤师来作别。”辩才一听，惊得顿时昏厥了过去，不几天便一命呜呼了。

《兰亭集序》到了京都，唐太宗大悦，萧翼及房玄龄加官晋爵自不必说。太宗随即命令宫中拓书人，摹出《兰亭》四本，以赐皇太子和诸王近臣。

贞观二十三年（649），唐太宗自感不久于人世，便留下遗诏，死后必须以《兰亭集序》为随葬品。自太宗驾崩，《兰亭集序》书迹也随之进入玄宫，从此不见天日，剩下的只是唐人摹本了。

此事见载于唐人何延之《兰亭记》中，《萧翼赚兰亭图》就是根据这个故事创作的。据传，该画作者是唐代画家阎立本。

阎立本，唐雍州万年（今陕西西安临潼东北）人，与其兄立德均为唐代著名的人物画家，阎立本在当时被誉为“丹青神化”。《萧翼赚兰亭图》原本已佚，台北故宫博物院藏有此画南宋摹本，纵27.4厘米，横64.7厘米，绢本，设色，无款印。该画后有宋代绍兴进士沈揆、清代金农的观款，还有明代成化进士沈翰的跋文。

关于此画的内容及流传情况，宋代吴说有《跋阎立本画兰亭序》一文，做过较详细的记述：

> 右图写人物一轴，凡五辈，唐右丞相阎立本笔，一书生状者，唐太宗朝西台御史萧翼也；一老僧状者，智永嫡孙会稽比丘辩才也……阎立本所图盖状此一段事迹。书生意气扬扬，有自得之色，老僧口张不呿，有失志之态，执事二人，其嘘气止沸者，其状如生。非善写貌驰誉丹青者不能办此。……此画宜归御府而久落人间，疑非所当宝有者。

此画之所以引起茶文化界的兴趣，似不在于这一段动人的故事，也不在于此画的艺术水平及流传情况，而是在于画面左下角那小小的场景，就是吴说所记述的“执事二人，其嘘气止沸”的烹茶之态及其所用器具等。

烹茶之人物在画面上明显小于其他三人，但神态极妙。老者手持火箸，边欲挑火，边仰面注目宾主；少者俯身执茶碗，正

唐　阎立本（传）《萧翼赚兰亭图》（南宋摹本）局部

欲上炉，炉火正红，茶香正浓。三个主要人物中，两个为佛门中人，一似为客人，好像刚刚坐定，寒暄既毕，正待茶饮。

所以，若此画真如历代所记载的，出自唐代大画家阎立本之手，则无疑可算是最早反映唐代饮茶生活的绘画作品，其形象具体、生动，誉之为“唐代茶文化之瑰宝”实不为过。

然而，富有戏剧性的是，宋代有人提出这不是“萧翼赚兰亭图”，而是“陆羽点茶图”。

在吴说的《跋阎立本画兰亭序》文末，其云：“此画宜归御府而久落人间，疑非所当宝有者。”可见，对此画的“级别”当时学界似乎已有怀疑，但对所绘内容还是肯定的。

宋代董彦远在所撰《广川画跋》中将此画直接称为《陆羽点茶图》，并且在跋文中申述了理由：

> 将作丞周潜出图示余曰：“此萧翼取《兰亭叙》者也。”其后书跋众矣，不考其说，爰声据实，谓审其事

唐　阎立本（传）　《萧翼赚兰亭图》（北宋摹本）　辽宁省博物馆藏

也。余因考之。殿居邃严，饮茶者僧也，茶具犹在，亦有监视而临者，此岂萧翼谓哉？观何延之记萧翼事，商贩而求受业，今为士服，盖知其妄。余闻《纪异》言，积师以嗜茶久，非渐儿供侍不向口。羽出游江湖四五载，积师绝于茶味。代宗召入内供奉，命宫人善茶者以饷师，一啜而罢。上疑其诈，私访羽，召入。翌日，赐师斋，俾羽煎茗，喜动颜色，一举而尽。使问之，师曰："此茶有若渐儿所为也。"于是叹师知茶，出羽见之。此图是也，故曰"陆羽点茶图"。

董彦远博览群书，精赏书画，为一代鉴赏名家，对历代书画论断精确而为艺林所称道。其跋语之论据也能信服于人，特别是以“渐儿茶”之故事来观照此图，确比“萧翼赚兰亭”来得更贴切一些。但是，董氏在跋语中对此画的作者却未置一词。

在董彦远之后的一些记载中，对此画的情况也有详略不同的说法：

关于流传——“吕文清家有《萧翼说兰亭故事》横卷，青锦褾饰，碾玉轴头，实江南之旧物”（宋郭若虚《图画见闻志》）。

关于作者及作品藏所——“（唐）吴侁，不知何许人也，作泉石平远，溪友钓徒，皆有幽致。传其《萧翼兰亭图》，人品辈流，各有风仪，披图便能想见一时行记，历历在目。信乎书画之并传有所自来也。今御府所藏一”（宋《宣和画谱》卷六）。

关于作品内容及作者——“（五代）顾德谦《萧翼赚兰亭图》在宜兴岳氏，作老僧自负所藏之意，口目可见。后有米元晖、毕少董诸公跋。少董，毕良史也。跋云：此画能用朱砂石粉而笔力雄健，入本朝，诸人皆所不及。比丘麈柄指掌，非盛称《兰亭》之美，则力辞以无；萧君袖手，营度瑟缩，其意必欲得之，皆是妙处。画必贵古，其说如此。又山西童藻跋云：对榻僧靳色可掬，旁僧亦复不悦，物果难取哉”（元汤垕《古今画鉴》）。

20世纪60年代中后期，书法界、学术界对王羲之《兰亭集序》书迹的真伪问题展开了一场大讨论。其中有的文章也涉及了《萧翼赚兰亭图》的真伪问题，特别是提出了图中老僧的禅榻、麈尾、水注的形制和书生的幞头、煮茶的火炉形状等都是“五代、北宋时出现的，皆唐初所未见。再与阎画《步辇图》《历代帝王图》相比，笔意很少相近。此幅应是五代或北宋人所画的人物故事图，而被后人附会为阎立本《萧翼赚兰亭图》了。至于这幅绘画到底是什么内容，清初吴其贞《书画记》卷五著录《阎立本萧翼赚兰亭图》绢画一页，曰：‘褙在宋拓《兰亭记》前，此是《陆羽点茶图》也。画是元人钱舜举之笔，所有宣和小玺，是为伪造之物，卷后宋有陆放翁、葛祐之题，元有邓文原拜观，明有刘极题跋，皆为《兰亭帖》也’”（史树青《从〈萧翼赚兰亭图〉说到〈兰亭序〉》）。

综合以上资料来看，关于《萧翼赚兰亭图》的作者，除了唐代的阎立本之外，还有唐代吴侁、五代顾德谦及元代钱选之说。特别是元代汤垕《古今画鉴》所记述的画作内容，与相传阎立本所画的几乎完全一致，而吕氏所藏和吴侁以及钱选所绘者，不能排除同名异作的情况。事实上，除这几家画过名为《萧翼赚兰亭》的作品外，宋、元以后还有不少画家也画过同样的题材。也就是说，以“萧翼赚兰亭”为名的绘画作品不止一幅。

将董彦远和汤垕所记述的内容来对照分析，后者理由似乎并不那么充分。因为，我们从唐代何延之的《兰亭记》中可知，萧翼到辩才处去诈取《兰亭集序》，并非以政府官员的身份出现，辩才对他毫无戒心，盛情款待，诗词唱和，切磋鉴赏技艺，颇引以为知己。所以根本不会出现如汤垕所述“（比丘）则力辞以无；萧君袖手，营度瑟缩，其意必欲得之”的情形。

于是，由此又可以产生这样的推断。如果此画为“陆羽点茶图”，则作者必然不是阎立本。因为陆羽出生于唐开元二十一年（733），距阎立本去世已经有六十年时间（阎立本的卒年为唐咸亨四年，即673年）。董彦远认为该画的内容是“陆羽点茶”，也就间接地否定了作者是阎立本。

假如此画是“陆羽点茶图”的话，对茶史研究的价值自然会更大，图中不仅有烹茶之法、烹茶之器，还有“茶圣”陆羽及其恩师智积和尚。那将是中国美术史上第一幅直接表现陆羽形象及茶事的作品。

但是，这一切还只是“假如”，要消除这个“假如”，还应有更确凿的史料加以佐证。这幅传为阎立本画的《萧翼赚兰亭图》，也正由于有这么多扑朔迷离的疑团而成为一桩“悬案”。

《调琴啜茗图》及几幅唐、五代茶画

周昉，生卒年不详，字仲朗，又字景玄，京兆（今陕西西安）人，是中唐时期重要的人物画家。他的作品内容多为仕女人物。周昉出身于官宦之家，常优游于卿相间，所以对上层社会的生活方式是很熟悉的。宋《宣和画谱》中评论他“多见贵而美者，故以丰厚为体”。其作品中的仕女，应属宫廷中人，画家通过对宫廷贵妇华丽外表和精神状态的细致描绘，来表现她们的内心世界。

传为周昉所绘的《调琴啜茗图》，现藏于美国纳尔逊·阿特金斯艺术博物馆，该图描绘了唐代宫廷贵族妇女品茗听琴的悠闲生活。图中五人，由姿态可见为三主二仆。三位贵妇，一人抚琴，二人倾听，其中一女身着红装，执盏唇边，注目抚琴之人，另一人侧首遥视。在抚琴仕女和侧首者旁各有一女仆侍茶，但主人们均聚神于调琴，对茶似乎并不在意。从画面来看，身着红装者居于全图中心，当为五人中地位最高者。全图以“调琴”为重点，人物的神态无不以此为专注焦点。但是，由于中心人物手执

茶盏，作边品茗边听琴状，所以，茶饮在画面中也甚引人注目。图中又有小树几株，大石一块，说明此景是在室外。仕女衣着色彩雅妍明丽，人物体态丰腴华贵，显示出唐人“以丰厚为体”的审美趣味。

传周昉另有《烹茶图》和《烹茶仕女图》，作品著录于《宣和画谱》卷六，由于作品未见，故难以了解其所绘的具体内容，但根据周昉的地位和交游情况，估计也是反映上层社会的饮茶情形。

周昉是极有才华的画家，其艺术魅力不仅在当时，对后世画

唐　周昉《调琴啜茗图》　美国纳尔逊·阿特金斯艺术博物馆藏

风也产生了深远的影响。贞元年间（785—805），新罗（今朝鲜半岛境内）人还曾经高价收购他的数十卷画作带回本国。周昉的绘画艺术很注重汲取前辈画家的长处，其早年仿效张萱的画作，到后来，周昉作品的知名度日益高涨，其仕女画、佛像画的造型被誉为“周家样”，以至于时人反而误传是张萱仿学周昉的了。

张萱的生卒年不详，京兆人，开元年间（713—741）曾为史馆画师。他工于仕女画，其他如婴儿、贵公子乃至亭台、林木、花鸟皆能穷其精妙，著名作品有《虢国夫人游春图》《捣练图》等。

他的作品在当时影响很大，广为时人所模仿，因此，他在自己所画的人物上做了个“朱晕耳根”的记号，以此为别。

张萱的画中，也有几件是以茶为主题的。例如，《烹茶仕女图》，著录于《宣和画谱》；《煎茶图》，著录于宋周密的《云烟过眼录》。

同名《烹茶仕女图》的还有杨升等画师的作品。杨升是唐代开元史馆画直，最善于为人写照，曾为唐明皇和唐肃宗画过像，“深得王者气度”。为人写像几乎是他的专业，因而《烹茶仕女图》估计也是一幅人物画佳作。

五代时，见于著录的茶事绘画作品有王齐翰的《陆羽煎茶图》和陆晃的《火龙烹茶》《烹茶图》。

王齐翰，南唐时金陵（今江苏南京）人，仕于南唐后主李煜。据《宣和画谱》记载，王齐翰“画道释人物多思致，好作山林丘壑隐岩幽卜，无一点朝市风埃气”。

《宣和画谱》中，著录有王齐翰的绘画作品共计一百十九幅，多为道释类的题材，也有一些表现隐逸山林的，《陆羽煎茶图》为这类题材中的一幅，其格调也一定是“无一点朝市风埃气”的。

陆晃，嘉禾（今浙江嘉兴）人，生卒年不详，其性格疏逸，嗜酒尚气。陆晃是个经常接触下层人民的画家，以画采风，表现淳朴的民间真趣和田园风光。《宣和画谱》收录其五十二幅作品，其中，以“烹茶”为题的有两幅。

从唐至五代的茶画中，可以看到这样一种情形，唐代的宫廷画家已经十分注意饮茶之事的描绘，反映出茶饮在唐代上层社会中的地位，它是与博弈、调琴等高雅的活动并列的，是宫廷仕女们日常生活的一部分。

在五代王、陆两位画家笔下，“茶圣”陆羽是个释家弟子或隐逸人物，自然，这也是陆羽生平及其茶艺思想在艺术作品中的反映。茶画中所表现的烹茶、煎茶活动既是民间的平常事，也是文人们借以洗心遁世的妙招。

从唐代开始，茶事已经为绘画艺术所青睐，茶饮的文化品格也因而更形象地表现了出来。

茶与酒的论辩

在中国历史上，唐代是个辉煌的时代，无论是政治、军事、经济，还是文化方面的成就，均彪炳千秋。以文学来说，唐代流芳百世的诗人如群星灿烂；唐代的古文运动，在韩愈、柳宗元的提倡下，一洗“贵辞而矜书，粉泽以为工，遒密以为能”的颓靡文风，打破了骈文的长期统治，成为中国散文发展史上的一个转折点；唐代还出现了“传奇”这一新的文学形式，标志着小说的发展已逐渐趋于成熟。

在诗歌、散文和传奇之外，唐代还有一些与当时的平民百姓最为贴近的通俗文学体裁，如变文、俗赋、话本和民间歌谣等。20世纪初，在敦煌发现了许多这些作品的写本，使文学研究者大开眼界，其意义正如郑振铎所说：

> 在敦煌所发现的许多重要的中国文书里，最重要的要算“变文”了。在“变文”没有发现以前，我们简直不知道“平话”怎么会突然在宋代产生出来，“诸宫

> 调”的来历是怎样的？盛行于明清二代的宝卷、弹词及鼓词，到底是近代的产物呢，还是古已有之的？许多文学史上的重要问题，都成为疑案而难以有确定的回答。但自从三十年前史坦因把敦煌宝库打开了而发现了变文的一种文体之后，一切的疑问，我们才渐渐的可以得到解决了。我们才在古代文学与近代文学之间得到了一个连锁，我们才知道宋、元话本和六朝小说及唐代传奇之间并没有什么因果关系，我们才明白许多千余年来支配着民间思想的宝卷、鼓词、弹词一类的读物，其来历原来是这样的。这个发现使我们对于中国文学史的探讨，面目为之一新。（《中国俗文学史》）

变文既有狭义的含义，也有广义的含义。郑振铎所说的应为广义的变文，而狭义的变文常指那些有说有唱，逐段铺陈的文体。

幸运的是，在敦煌遗书的变文中，发现有一篇《茶酒论》。这篇作品的体裁有如“俗赋”，主要是记叙“茶”“酒”各自夸耀，论辩不休而最后由“水”出来调停的趣事。全文采取一问一答的形式，且都用韵，也时有对仗，具有赋的特色。

学界通常认为，敦煌《茶酒论》共有六个写本，分为原卷、甲卷、乙卷、丙卷、丁卷、戊卷。其中，两个写本内容完整，其余均为残本。原卷载有完整的《茶酒论》全文，前题“乡贡进士王敷撰”，末题“开宝三年壬申岁正月十四日知术院弟子阎海真自手书记”。“乡贡进士”是唐代科举名，“开宝三年”即970年，而“壬申”则为宋开宝五年（972）干支，其中必有一误。由上可知，其文为唐人或五代人撰，其书为宋人抄本。

答上小須十七酒為茶曰豈不
見古人才子吟詩盡道渴來一盞
能生養命又道酒是消愁藥
又道酒能養賢古人糟粕今乃流傳
茶賤三文五碗酒賤中半七文致酒謝
坐禮讓周旋國家音樂本為酒
泉終朝喫你茶水敢動些些管弦
茶為酒曰阿你不見道男兒十四五莫與酒
家親君不見生生鳥為酒喪其身阿你
即道茶喫發病酒喫養賢即見
道有酒黃酒病不見有茶風茶
顛阿闍世王為酒煞父害母

劉伶為酒一死三年喫了張眉豎
眼怒鬥宣拳狀上只言麤豪酒
醉不曾有茶醉相言不免求首杖子本
典索錢大枷榼項背上拋椽便即燒香
斷酒念佛求天終身不喫望免迍邅兩家
既爭人我各擬論功言詞相毀道西說東
人生四大地水火風茶不得水作何相皃
酒不得水作甚形容米麴乾喫損人腸胃茶
片乾喫只糲破喉嚨萬物須水五穀之宗
上應乾象下順吉凶江河淮濟有我即通
亦能漂蕩天地亦能涸殺魚龍堯時九
年災跡只緣我在其中感得天下欽奉萬姓依從
由自不說能聖阿你兩個何用爭從今以

後切須和同酒店發富茶坊不窮長為
兄弟須得始終若人讀之一本永世不害酒
顛茶風　茶酒論一卷
新合千文皇帝感辭壹拾壹首
言諸四海貴諸賓　黃金滿屋未為珍
難教人無所學　且聽歌衷說千文
天賢聖主名三教　遐尋隱士兩才人
金聲玉韻直奇妙　近來歌舞得收聞
御注孝經先流唱　又談千字獻明君
一教依書上說　不是歌嘲慢虛言
天地玄黃辯清濁　縷羅萬象合乾坤
日月盈昃有虧盈　二八宿共參辰
寒暑來往不曾則　節氣相催秋後春
四時迴轉如流電　鷰去鴻來燕燕人
三年一閏是尋常　雲騰致雨有風霜

敦煌写本《王敷茶酒论》全本（馆藏编号：3910）

法国国家图书馆藏

《茶酒论》全文如下：

窃见神农曾尝百草，五谷从此得分。轩辕制其衣服，流传教示后人。仓颉致其文字，孔丘阐化儒因。不可从头细说，撮其枢要之陈。暂问茶之与酒，两个谁有功勋？阿谁即合卑小，阿谁即合称尊？今日各须立理，强者光饰一门。

茶乃出来言曰："诸人莫闹，听说些些。百草之首，万木之花，贵之取蕊，重之摘芽，呼之茗草，号之作茶。贡五侯宅，奉帝王家。时新献入，一世荣华。自然尊贵，何用论夸？"

酒乃出来（曰）："可笑词说！自古至今，茶贱酒贵。箪醪投河，三军告醉。君王饮之，叫呼万岁；群臣饮之，赐卿无畏。和死定生，神明歆气。酒食向人，终无恶意。有酒有令，仁义礼智。自合称尊，何劳比类！"

茶为酒曰："阿你不闻道：浮梁歙州，万国来求。蜀山蒙顶，骑山蓦岭。舒城太湖，买婢买奴。越郡余杭，金帛为囊。素紫天子，人间亦少。商客来求，舡车塞绍。据此踪由，阿谁合小？"

酒为茶曰："阿你不闻道，齐酒乾和，博锦博罗。蒲桃九酝，于身有润。玉酒琼浆，仙人杯觞，菊花竹叶，君王交接。中山赵母，甘甜美苦。一醉三年，流传今古。礼让乡闾，调和军府。阿你头脑，不须干努。"

茶为酒曰："我之茗草，万木之心，或白如玉，或似黄金。名僧大德，幽隐禅林。饮之语话，能去昏沉。

供养弥勒，奉献观音，千劫万劫，诸佛相钦。酒能破家散宅，广作邪淫，打却三盏以后，令人只是罪深。”

酒为茶曰：“三文一缸，何年得富？酒通贵人，公卿所慕。曾遣赵主弹琴，秦王击缶。不可把茶请歌，不可为茶教舞。茶吃只是腰疼，多吃令人患肚。一日打却十杯，腹胀又同衙鼓。若也服之三年，养虾蟆得水病报。”

茶为酒曰：“我三十成名，束带巾栉。蓦海骑江，来朝今室。将到市廛，安排未毕，人来买之，钱财盈溢。言下便得富饶，不在明朝后日。阿你酒能昏乱，吃了多饶啾唧。街中罗织平人，脊上少须十七。”

酒为茶曰：“岂不见古人才子，吟诗尽道：渴来一盏，能生养命。又道：酒是消愁药。又道：酒能养贤。古人糟粕，今乃流传。茶贱三文五碗，酒贱盅半七文。致酒谢坐，礼让周旋，国家音乐，本为酒泉。终朝吃你茶水，敢动些些管弦！”

茶为酒曰：“阿你不见道：男儿十四五，莫与酒家亲。君不见狌狌鸟，为酒丧其身。阿你即道：茶吃发病，酒吃养贤。即见道有酒黄酒病，不见道有茶疯茶癫。阿阇世王为酒杀父害母，刘伶为酒一死三年。吃了张眉竖眼，怒斗宣拳。状上只言粗豪酒醉，不曾有茶醉相言，不免（囚）首杖子，本典索钱。大枷榼项，背上抛椽。便即烧香断酒，念佛求天，终生不吃，望免迍邅。”

两个政争人我，不知水在旁边。

水为茶酒曰：“阿你两个，何用匆匆？阿谁许你，各拟论功！言词相毁，道西说东。人生四大，地水火风。茶不得水，作何相貌？酒不得水，作甚形容？米曲干吃，损人肠胃；茶片干吃，只砺破喉咙。万物须水，五谷之宗。上应乾象，下顺吉凶。江河淮济，有我即通。亦能漂荡天地，亦能涸煞鱼龙。尧时九年灾迹，只缘我在其中。感得天下钦奉，万姓依从。犹自不说能圣，两个何用争功？从今以后，切须和同。酒店发富，茶坊不穷。长为兄弟，须得始终。若人读之一本，永世不害酒癫茶疯。”

《茶酒论》一卷的结构比较简单，分为三个部分，首先是“序”，接下来便是“茶”与“酒”的辩论，最后是“水”的评判。其内容最精彩的当然是中间部分，“茶”与“酒”通过激烈的论辩，均展示了自己最为荣耀的历史和功绩，与此同时，也毫不留情地给对方的弱点以最尖刻的揭露。通过争辩，茶与酒的特性得到了生动展现。

“茶”“酒”的论辩大致是按五个方面来进行的，即历史地位、影响大小、功能效用、经济价值及社会作用。

在第一个回合中，“茶”首先以“贡五侯宅，奉帝王家”的优势，为自己奠定了地位，而酒则以相似的历史典故不甘示弱地回击。

第二个回合，“茶”以其广袤的产地、优良的品质和“万国来求”的商品优势继续向“酒”发起进攻。而“酒”却以多种名贵的佳品与之抗衡。

第三个回合时，“茶”打出一张“茶禅一味”的牌子，着重阐释对幽隐禅林的“名僧大德”所起的“去昏沉”功效，并指责

“酒”的“广作邪淫”的弊端。而“酒”则用“经济效益”来做盾牌，以“三文一缸，何年得富”加以诘问，并进而以与贵族的交往来寒碜“茶”，对许多“茶病”加以讽刺。

在第四个回合中，“茶”接着以市场的占有率来反击“酒”的质问，以薄利多销之势来压盖“酒”的“通贵”之利。同时，讥讽“酒”的醉后闹事、动辄饱受责杖的窘态。“酒”则仍以与“高层次”人物的往来为荣，并声称自己是“消愁药”，还与国礼密切相关，固守“茶贱酒贵”的观点。

“茶”紧接着对酒所提出的“茶吃发病、酒吃养贤”的论点一一加以驳斥，列举了传说中的狌狌鸟为酒丧身，佛典中的阿阇世王为酒而害父母，以及东晋时期著名酒徒刘伶肆意放浪的种种“丑行”，进而劝人“烧香断酒”，以免命运不虞。

有唐一代是佛教大盛之时，许多文艺作品中都体现着这一点，也有许多作品直接或间接地服务于佛教，宣扬“缘”“因”和“善恶报应”“四大皆空”等佛学精神。在敦煌莫高窟中，所有的壁画、经卷，包括这些变文，无不与佛教有着深深的联系。

就《茶酒论》而言，作者的“佛教意识”也是相当浓重的。虽说“茶”“酒”看起来是处于平等的论辩地位，但细细读来，对“茶”的倾向性是随处可见的，这大概与唐时茶叶在僧侣们日常生活中的重要地位有关吧。

《茶酒论》中，“茶”通过与“酒”的争论，表现了茶各方面的情形和特性。例如，茶的入贡、茶的商品化，而尤以茶与佛教的关系论得最多，其语气势如破竹，直接攫住了读者之心。可以试想，如果在一大片佛教徒或信徒面前，朗朗诵上这段“高论”，岂有不胜之理。酒在佛教中属于被戒之物，饮酒纵欲，视为大忌，所

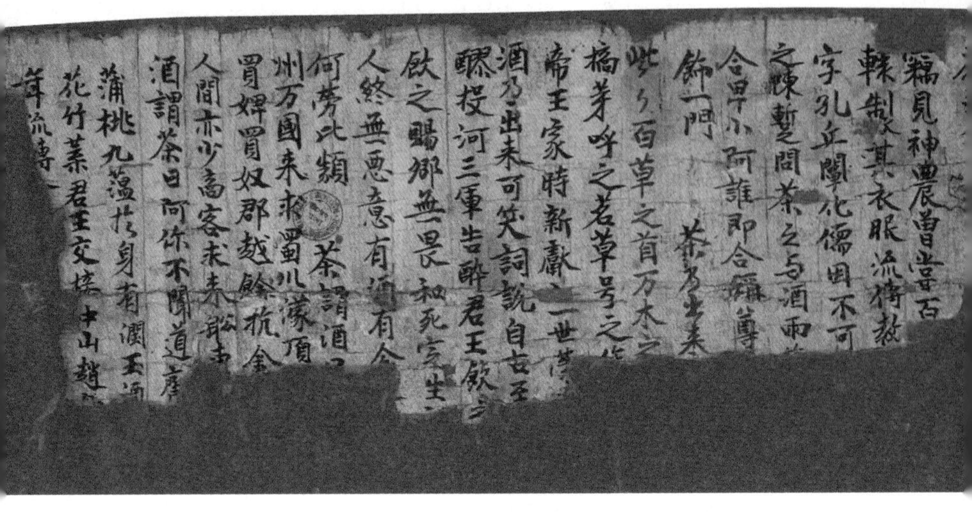
竊見神農曾嘗百
軒轅製其衣服流傳教
字孔丘闡化儒因不可
之陳暫問茶之与酒兩
合卑小阿誰即合稱尊
飾一門　茶乃出來
些些百草之首万木之
摘芽呼之茗草号之作
帝王家時新獻入一世
酒乃出來可笑詞說自古至
醪投河三軍告醉君王飲之
飲之賜卿無畏和死定生
人終無惡意有酒有令
何勞比類　茶謂酒曰
州万國來求蜀川蒙頂
買婢買奴郡越餘杭金
人間亦少商客來求
酒謂茶曰阿你不聞道
蒲桃九醞於身有潤玉
花竹葉君王交接中山趙
年流傳

敦煌写本《王敷茶酒论》残本（馆藏编号：2875）　法国国家图书馆藏

以“酒”在争论时，竟不敢提及佛事。这在读者心中，其实已经输了一大截。因而在“茶”“酒”争论中，“茶”的形象已具天时、地利、人和之优势。全文争论部分，其发起者是“茶”，最后，也是以“茶”的大段斥“酒”之辞而鸣金收兵。

在《茶酒论》最后一段，以“水”的裁判调解了“茶”“酒”的争论，也颇具禅意。水，既无茶的甘美，也无酒的浓醇，既不能提神，也不能消愁。无色、无味、无嗅之物，竟胜于茶酒名饮；空空如也，却富莫大焉。“水”的一道判辞，亦无异于佛家之机锋转语也。

蔡襄《茶录》及其他

蔡襄出生于福建兴化仙游（今福建莆田仙游）的枫亭乡东宅村，仕途中曾召拜翰林学士。蔡襄生活的年代，距北宋开国已有数十年，政府实行了一些较前代更为优惠的农业政策，加上农业生产工具等方面的改革进步，使当时的农业生产发生了很大的变化。如福建、江西、湖南等地的开岭辟地、缘山导泉，使可种植面积大大增加，茶叶的发展也很快。据《宋史·食货志》所载，在淮南、江南荆湖、福建诸路，都有很多州郡以产茶出名，每年输送到北宋政府茶叶专卖机构的茶叶共达一千四百万斤。其中，淮南的产茶地是官自置场，督课茶民采制，其岁入数量十分可观。贡焙由原来的浙江顾渚移至福建的建安后，从茶叶的制造方法来看，虽然基本沿用唐代模式，但在具体风格上却显示了时代的特征。总体来说，外形更为精美，品类更为丰富，品质也更为优良。正如茶史学家朱自振先生所分析的那样："宋代的茶类及其制法……有不少改进和发展，以片茶的捣拍来说，唐朝碎茶，主要用杵臼手工捣舂，至宋朝，杵臼普遍改为用碾，在一些

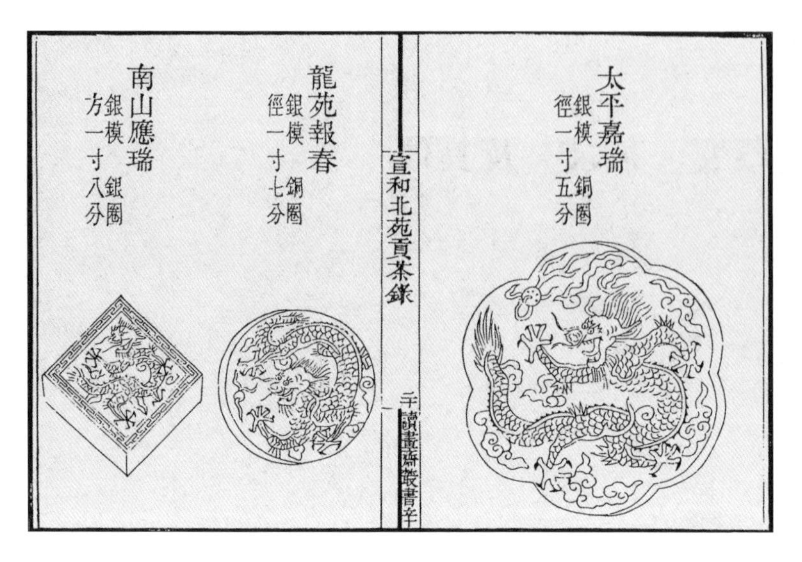
太平嘉瑞
銀模 銅圈
徑一寸五分

宣和北苑貢茶錄
讀畫齋叢書辛

龍苑報春
銀模 銅圈
徑一寸七分

南山應瑞
銀模 銀圈
方一寸八分

宋　熊蕃撰《宣和北苑贡茶录》（选页）
此书记录自宋初至宣和年间建茶之采摘、焙制与进贡法式，并附载了相关图形，详细描绘了贡茶的品种、形制，是研究宋代茶业的重要文献资料

有条件的地方，甚至还出现用水力碾磨加工的情况。再如拍制工艺……宋朝较唐朝更为精巧，而且在饰面上有了突出的发展……特别是贡茶的茶面，龙腾凤翔，栩栩如生，在团饼的制作技术上，可以说达到了精湛绝伦的程度。”这种精美的制茶艺术，是宋代社会文化进步和制茶技术发展的综合结果，所形成的茶叶风格及由此衍生的品饮审美趣味，自然也打上了这个时代的烙印。如从贡茶制造来说，变形饰面，雕龙塑凤，无非是为了取悦人的审美和满足传统文化观念的需求。从享用者来说，这与唐以前的“饮而赏”相反，更主要的是为了“赏而饮”，因而特别注意茶叶的品质及艺术性。正由于这个原因，民间的饮茶活动也受其制约和影响，出现了斗茶、分茶等典型的艺术活动。

宋代茶文化，在中国茶史上有着十分重要的地位，自宋太宗年间起，贡焙南迁，制茶技术和茶文化重心也随之转移，在福建一带，茶事风靡，其所产“龙团凤饼，名冠天下”（宋赵佶《大观茶论》）。蔡襄生长于福建，茶文化对他的熏陶既久且深。宋真宗咸平年间（998—1003），丁谓任福建路转运使，监制贡茶，其焙苑制度已初具规模，产品的知名度也较高。后蔡襄亦任此职，并将原来的大龙团改制成小龙团，号“上品龙茶”，嗣后，又奉旨制成“密云龙”，使原来的小龙团又退而为次。可见，蔡襄对制茶业是很精通的。同时，他对茶的品鉴也相当精到，如宋彭乘《墨客挥犀》载：

> 蔡君谟善别茶，后人莫及。建安能仁院有茶，生石缝间，寺僧采造，得茶八饼，号“石岩白”。以四饼遗君谟，以四饼密遣人走京师，遗王内翰禹玉。岁余，君谟被召还阙，访禹玉。禹玉命子弟于茶笥中选取茶之精品者，碾待君谟。君谟捧瓯未尝，辄曰：“此茶极似能仁‘石岩白’，公何从得之？”禹玉未信，索茶贴验之，乃服。

> 议茶者，莫敢对公发言，建茶所以名重天下，由公也。后公制小团，其品尤精于大团。一日，福建蔡叶丞秘校召公啜小团。坐久，复有一客至，公啜而味之曰：“非独小团，必有大团杂之。”丞惊呼，童曰：“本碾造二人茶，继有一客至，造不及，乃以大团兼之。”丞神服公之明审。

关于蔡襄贡茶之事，他人颇有微词，认为“蔡公自本朝第一等人，非独字画也，然玩意草木，开贡献之门，使远民被患，议者不能无遗恨于斯”（宋李光《庄简集》），甚至他的好友欧阳修也有类似看法。但是，与此相反的观点认为：“殊不知无理人欲同行异情，蔡公之意主于敬君，丁谓之意主于媚上，不可一概论也。”（明徐㶿《蔡端明别记》）

蔡襄在任福建路转运使期间，“开古五塘溉民田，奏减五代时丁口税之半”（元脱脱《宋史·蔡襄传》），深得民众拥戴，“为公立生祠于塘侧”（欧阳修《端明殿学士蔡公墓志铭》）。他曾官至秘书丞集贤校理知谏院兼修起居注，后来，仁宗“又诏增置谏官四员，使拾遗补阙，所以遇之甚宠，公以才名在选中，遇事感激，无所回避，权幸畏敛，不敢挠法干政，而上得益与大臣图议……言事之臣，无日不见，而公之补益为尤多”（欧阳修《端明殿学士蔡公墓志铭》）。蔡襄上疏，其言语有时非常尖锐，但仁宗却能雅量以纳，这些都证明蔡襄和仁宗之间非一般君臣关系可比。同时，仁宗也是个爱茶之君，时常关注茶事茶艺，关心建安贡茶。蔡襄考虑到“昔陆羽《茶经》不第建安之品，丁谓《茶图》独论采造之本，至于烹试，曾未有闻”，而且烹试之法又特别适于宫廷雅玩，因而“辄条数事，简而易明，勒成二篇，名曰《茶录》”（《茶录序》）。

蔡襄除其代表作《茶录》外，还有多件诗、书、尺牍等也对茶事作了不少记述，使其茶事艺文的成就显得更加丰赡。

《茶录》，是一部开拓茶叶品饮艺术的茶艺专著。关于《茶录》的创作时间，一般都划在1049至1053年，即北宋皇祐年间。根据蔡襄的生平和有关史料考证，可以确定1051年为《茶录》的成书之年。

《茶录》全文约八百字，有前、后序，后序是在治平元年（1064）五月重新修订时所作。全书分上、下两篇，上篇论茶，下篇论茶器，内容有茶叶的色香味评判、茶叶的烹试步骤和茶器的功能及使用方法。此书涉及的面并不广，但是所论各条，均是围绕着“斗试”这一内容展开的。根据其内容，可概括为：藏茶（茶笼、茶焙），炙茶（茶钤），碾末（砧椎、茶碾），罗茶（茶罗），候汤（汤瓶），温盏（茶盏），点茶（汤瓶、茶匙）。

这就是一个完整的斗茶过程，每个环节都有其器具一一对应。在这样一个完整、系统的论述中，将民间与宫廷茶事的不同方法和用器作对比，并且提到了斗茶胜负的评判标准，整个过程中又用色香味观照各个环节。因此，与其说《茶录》是茶叶技术的专著，倒不如说是一部茶艺专著更为恰当。

蔡襄在序中开宗明义：“至于烹试，曾未有闻……伏惟清闲之宴，或赐观采。”说明烹试活动是清宴雅集的一种游艺过程。作为一种艺术形式，除了要讲究技巧外，更需要讲求这种艺术形式中所包含的艺术美感。斗茶的过程，是一个艺术创作过程，蔡襄在《茶录》中特别注重各步骤中的艺术要点，大致有如下几个方面。

其一，强调色彩美。对茶叶的色泽，蔡襄提出了“茶色贵白”的观点。当时为了增加饼茶的光洁度和延长其保存期，要在其表面涂上一层膏油，因膏油的厚薄不同、茶叶的品质不同，茶饼就会出现黄、紫、黑等不同的颜色，故对于茶色的辨别、判断就显得尤为重要。因此，蔡襄提出：“善别茶者，正如相工之视人气色也，隐然察之于内，以肉理实润者为上……以青白胜黄

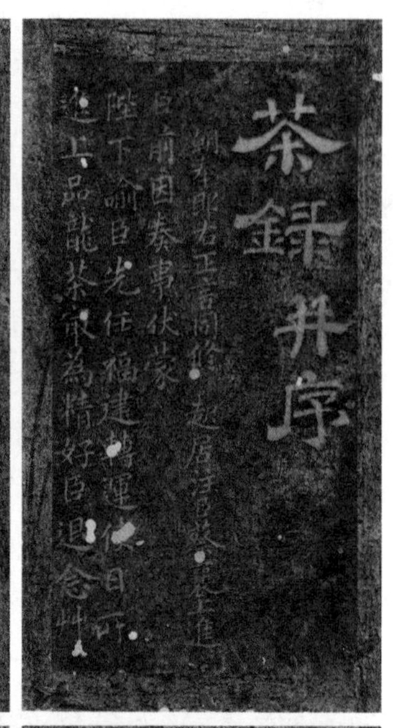
茶錄并序
朝奉郎右正言同修起居注臣蔡襄上進
臣前因奏事伏蒙
陛下諭臣先任福建轉運使日所
進上品龍茶最爲精好臣退念草

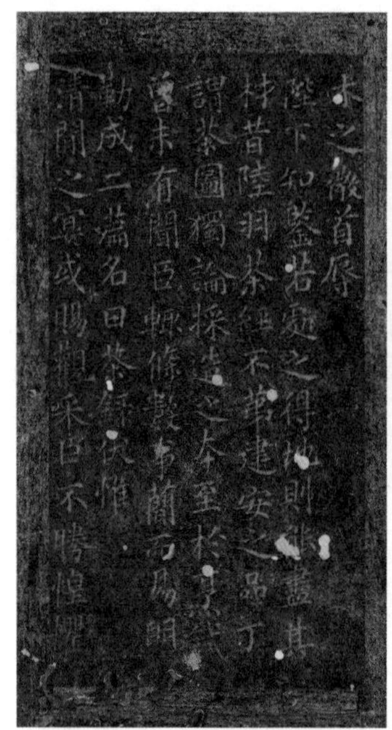
木之微首辱
陛下知鑒若處之得地則能盡其
材昔陸羽茶經不第建安之品丁
謂茶圖獨論採造之本至於烹試
曾未有聞臣輒條數事簡而易明
勒成二篇名曰茶錄伏惟
清閒之宴或賜觀采臣不勝惶懼

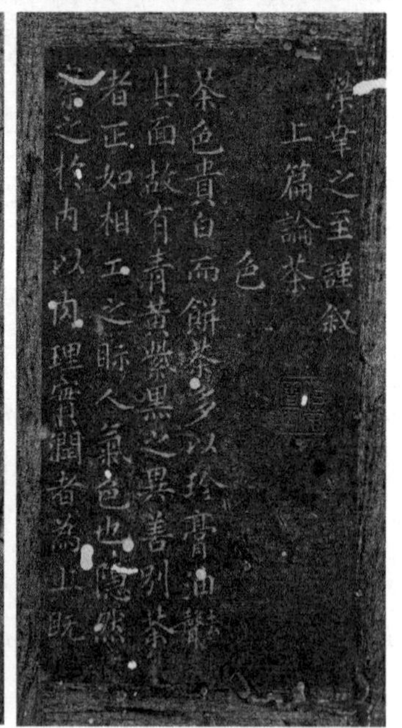
榮幸之至謹叙
上篇論茶
色
茶色貴白而餅茶多以珍膏油
其面故有青黄紫黑之異善別茶
者正如相工之瞟人氣色也隱然
察之於内以肉理實潤者爲上既

已末之黄白者受水昏重青白者
受水鮮明故建安人鬭試以青白
勝黄白
香
茶有真香而入貢者微以龍腦和
膏欲助其香建安民間試茶皆不
入香恐奪其真若烹點之際又雜

据《宣和画谱》记载，《茶录》正书墨迹原藏宋代内府，后散佚。其最早的拓本应为樊纪勒石本，也已失传。现所见《茶录》乃蔡襄治平元年的重书校订本。此为上海图书馆藏传世孤本宋拓“治平元年刻本”之选页白。”在斗茶时，对于优劣的判别，他又提出：“视其面色鲜白，着盏无水痕为绝佳。”并着重论述了茶色与盏色的对比效果。茶色尚白，而与白对比度最大的就是黑色，用绀黑的兔毫盏，目的之一就是为了显示茶色之白，显示黑白变化层次的丰富性。这两种朴素的颜色如同纸与墨一样，通过斗茶者的技巧，呈现出奇妙的变化，营造了一种阴阳交替、虚实相映的艺术审美意境。

其二，求真。真是美的基础，《茶录》所具有的求真色、求真香、求真味的思想也是十分鲜明的。如前所述，对茶的色彩讲究以白为贵，其实就是以显其真色为贵，炙茶也是为了显其真色。蔡襄说：“茶或经年，则香色味皆陈，于净器中，以沸汤渍之……若当年新茶，则不用此说。”炙茶是为了“发新”，“新”，便是茶之本色，宋代有“茶贵新”之说，从艺术的审美观来看，就是“贵真”。蔡襄还提出，茶要有“真香”，即茶叶本身的香气。宋代之茶，特别是贡茶，多掺以龙脑（即冰片）等，欲助其香，但此时“建安民间试茶，皆不入香，恐夺其真”。这表明，人们已经意识到了茶叶本身所具有的香气的珍贵，说明茶的“真香”也是斗试的内容之一。对于“真香”的追求，当属品茶艺术最基本的因素。

此外，蔡襄把民间的用茶用器，及斗试的裁判方法和标准等载入《茶录》，表明他对雅与俗由于时代关系而相互转化之意义有着独特的看法，也表明了蔡襄力图将茶艺的雅、俗加以调和与贯通，使本来对立的双方求得统一的结果。因而，《茶录》也是联系民间与上层社会茶文化的一座桥梁。

蔡襄所秉持的这些艺术主张，从他个人和整个宋代历史来看，也是一种必然的结果。蔡襄是个茶学专家，又是个艺术家，从他的政绩来看，又不失为一位政治家。三者之中，则以艺术家的形象最为丰满。我们只有将其艺术家的身份考虑进去，才能发现《茶录》真正的价值所在。

蔡襄所著《茶录》，首先是对传统茶文化的一个继承。其内容，在此之前的茶书也有过不同程度的记载，如《茶经》对茶汤色泽的描写。但是，宋代的茶书却以《茶录》最为重要，这是因为它不仅承接了唐以来饮茶文化的精华，而且还具有新的理论观点和系统严密的论述方式。它不像《茶经》那样涉及广泛，却慧眼独具，撷取茶事中最具艺术性的部分，加以系统地整理和发掘，使人们对唐宋以来逐渐形成、发展的茶叶品赏艺术有了一个完整、清晰的认识。这个理论还为茶道东渐日本做了铺垫。所以，《茶录》在茶文化发展史上是一个转折点，标志着一种普通的品饮方法向着艺术行为的转化，并已上升到一定的理论高度。

自《茶录》出后，宋代又有《东溪试茶录》（宋子安）、《品茶要录》（黄儒）、《大观茶论》（赵佶）、《斗茶记》（唐庚）等茶书问世，明代也有《茶录》三部（作者分别为张源、程用宾、冯时可）。这些茶书在内容、形式上，都受到蔡襄《茶录》的深刻影响，也正是这一大批茶书的涌现及各种茶艺活动的兴起，使中国茶文化显得更加光彩照人。

再看《茶录》的书法艺术。

北宋时期文化发达，哲学、文学都有突破，在书法艺术中，以苏、黄、米、蔡“宋四家”为代表的尚意书风，成为宋代社会的文化特征之一，反映了文人士大夫的心态和审美观的变化。书写《茶录》的艺术观作为蔡襄艺术思想的一部分，既反映了中国品茶艺术的美学特征，也体现了中国传统的民族审美意识。

蔡襄的书法艺术在宋代时声名甚隆，他的楷书、行书及草书均入妙品。由于笃好博学，愈至晚年，其书法愈臻淳淡婉美的境界。同代人梅尧臣对蔡襄的书法极为推崇，他有一首诗，历数蔡氏的书学渊源及挥毫风采。此诗名为《同蔡君谟江邻几观宋中道书画》：

君谟善书能别书，宣献家藏天下无。
宣献既殁二子立，漆匣甲乙收盈厨。
钟王真迹尚可睹，欧褚遗墨非因模。
开元大历名流夥，一一手泽存有余。
行草楷正大小异，点画劲宛精神殊。
坐中邻几素近视，最辨纤悉时惊吁。
逡巡蔡侯得所得，索研铺纸才须臾。
一扫一幅太快健，檀溪跃过瘦的颅。
观书已毕复观画，数轴江吴种稻图。
……

《茶录》以小楷书就，是蔡襄书法中的佼佼者。自从蔡襄书毕之后，它就受到了各方面的垂青，甚至被下属窃盗。蔡襄在《茶录后序》中记曰：

臣皇祐中修起居注，奏事仁宗皇帝，屡承天问以建安贡茶并所以试茶之状。臣谓论茶虽禁中语，无事于密，造《茶录》二篇上进。后知福州，为掌书记窃去藏稿，不复能记。知怀安县樊纪购得之。遂以刊勒行于好

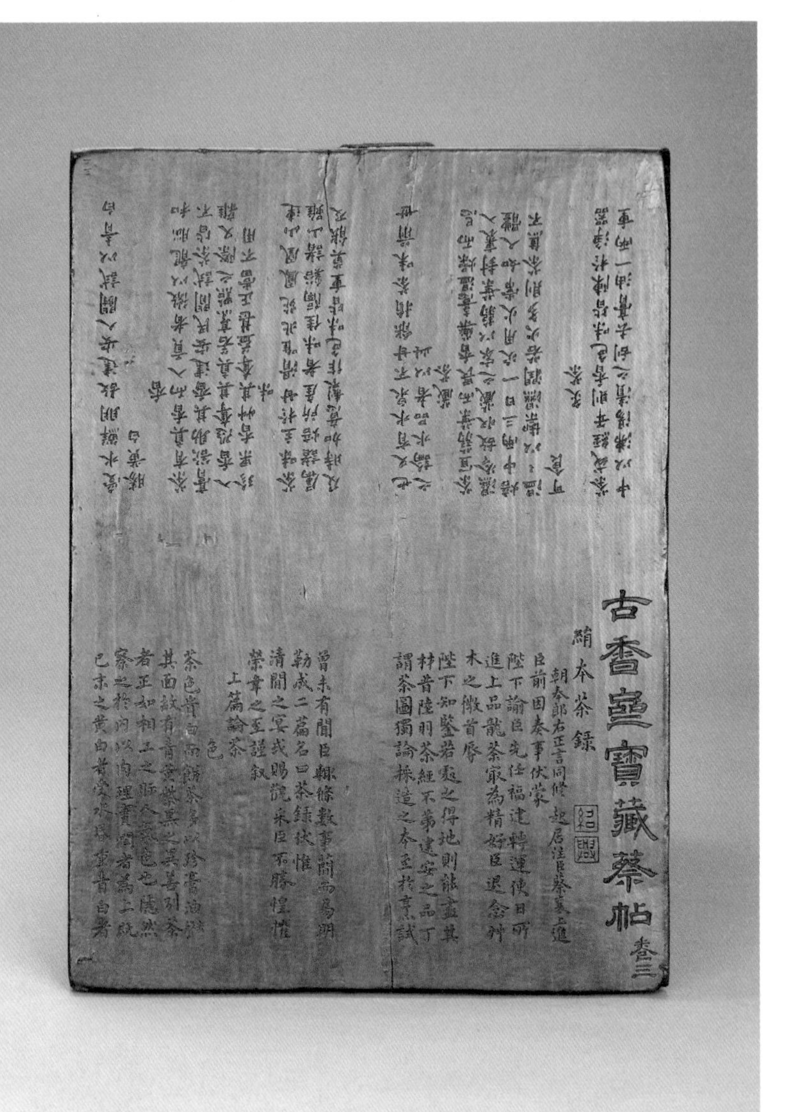

明　摹刻蔡襄帖木刻板《茶录》　福建博物馆藏
楷书，木质刻板，两面刻字。传为明宋钰临蔡襄手书之绢本《茶录》

事者，然多舛谬。臣追念先帝顾遇之恩，揽本流涕，辄加正定，书之于石，以永其传。

可知，蔡襄至少书写过两次《茶录》，第一次所书的《茶录》被人窃去之后，又为人所购得，并且“刊勒行于好事者”，即已经为人所刻版印刷而广布于世了。当然，这其中不仅仅是《茶录》的文字内容，其书法艺术的价值也是很重要的原因。蔡襄对《茶录》的被窃，表现出极有风度的雅量，认为窃贼是个爱好书法之人，因而不必视之为贼，充其量也只是个“雅贼”，所以并不加以深究。只是“刊本”中舛误较多，故而不得不加以订正而已。

《茶录》问世以后，抄本很多，据张彦生《善本碑帖录》记载，“宋蔡襄书《茶录》帖并序……小楷。在沪见孙伯渊藏本，后有吴荣光跋，宋拓本，摹勒甚精，拓墨稍淡。此拓本现或藏上海博物馆。”

《石渠宝笈》中也有记曰：“宋蔡襄《茶录》一卷。素笺乌丝阑本，楷书，分上下篇，前后俱有自序，款识云：治平元年三司使给事中臣蔡谨记。引首有李东阳篆书‘君谟茶录’四大字……后附文徵明隶书《龙茶录考》，有文彭、文震孟二跋。”

在故宫博物院里，藏有一卷《楷书蔡襄茶录》，规格为纵34.5厘米，横128厘米，纸本，无款。但据专家考证，此作定为宋代之书尚缺乏充分的根据，估计为元人之抄本。

现常提到的所谓绢本《茶录》，一般认为是蔡襄的手迹。绢本《茶录》之原本现已无从觅得，但在明宋珏《古香斋宝藏蔡帖》中仍保留着它的刻本，或可见其风采余韵。

关于蔡襄《茶录》的书法，同时代人的评价就已很高。从蔡襄《茶录》的序文看，他是书写后进奉于仁宗皇帝的，皇帝阅后即入内府珍藏，从《宣和书谱》中可读到有关记录。《宣和书谱》二十卷，不著撰者姓氏，其中记载的均为宋徽宗时内府所藏的名家法帖，卷三、卷六对蔡襄《茶录》等书迹有过评述。

欧阳修与蔡襄为挚友，他曾经对蔡襄开玩笑说，学习书法好像是在急流中逆水而上行，用尽气力，总是离不开原来的地方。蔡君谟听后不禁大笑，认为他非常善于用比喻。欧阳修对蔡襄的书法推崇备至，曾请蔡襄为其《集古录目序》作书以刻石，蔡襄写得“尤精劲，为世所珍”。而欧阳修给蔡襄的润笔费也很独特，不是白银，而是“以鼠须栗尾笔、铜录笔格、大小龙茶、惠山泉等物为润笔，君谟大笑，以为太清而不俗”（欧阳修《归田集》）。

欧阳修对蔡襄的书法艺术曾做过准确的评价：“善为书者以真楷为难，而真楷又以小字为难……君谟小字新出而传者二，《集古录目序》横逸飘发，而《茶录》劲实端严，为体虽殊，而各极其妙，盖学之至者，意之所到，必造其精。”

宋以后，书画家们对《茶录》的评价颇多，明代董其昌《画禅室随笔》、陈继儒《妮古录》、孙承泽《庚子销夏记》，及清代蒋士铨《忠雅堂文集》等，对蔡襄《茶录》的书法艺术均有中肯的评价。

蔡襄有关茶的书迹，除《茶录》以外，主要还有《北苑十咏》《即惠山泉煮茶》两件诗书和一件手札《精茶帖》。

《北苑十咏》诗书与《茶录》一起被明宋珏刻入《古香斋宝藏蔡帖》中，诗的内容对研究宋代建安贡茶的生产和品饮有一定的参考价值。

《北苑十咏·出东门向北苑路》，诗曰：

晓行东城隅，光华著诸物。
溪涨浪花生，山晴鸟声出。
稍稍见人烟，川原正苍郁。

《北苑十咏·北苑》，诗曰：

苍山走千里，斗落分两骑。
灵泉出地清，嘉卉得天味。
入门脱世氛，官曹真傲吏。

《北苑十咏·茶垄》，诗曰：

造化曾无私，亦有意所嘉。
夜雨作春力，朝云护日华。
千万碧云枝，戢戢抽灵芽。

《北苑十咏·采茶》，诗曰：

春衫逐红旗，散入青林下。
阴崖喜先至，新苗渐盈把。
竞携筠笼归，更带山云写。

《北苑十咏·造茶》，有注云：“其年改作新茶十斤，尤甚精好，被旨号为上品龙茶，仍岁贡之。”诗曰：

糜玉寸阴间，抟金新范里。
规呈月正圆，势动龙初起。
焙出香色全，争夸火候是。

《北苑十咏·试茶》，诗曰：

兔毫紫瓯新，蟹眼青泉煮。
雪冻作成花，云间未垂缕。
愿尔池中波，去作人间雨。

《北苑十咏·御井》，有注云："井常封，钥甚严。"诗曰：

山好水亦珍，清切甘如醴。
朱干待方空，玉壁见深底。
勿为先渴忧，严扃有时启。

《北苑十咏·龙塘》，诗曰：

泉水循除明，中坻龙矫首。
振足化仙陂，回睛窥画牖。
应当岁时旱，嘘吸云雷走。

《北苑十咏·凤池》，诗曰：

灵禽不世下，刻像成羽翼。

但类醴泉饮，岂复高梧息。

似有飞鸣心，六合定何适。

《北苑十咏·修贡亭》，有注云：“予自采掇时入山，至贡毕。”诗曰：

清晨挂朝衣，盥手署新茗。

腾虬守金钥，疾骑穿云岭。

修贡贵谨严，作诗谕远永。

“十咏”以行书写就，风格清新隽秀，气韵生动。

丁谓有一首《北苑焙新茶》与《北苑十咏》有异曲同工之妙，可以对照来读。诗曰：

北苑龙茶著，甘鲜的是珍。

四方惟数此，万物更无新。

才吐微茫绿，初沾少许春。

散寻萦树遍，急采上山频。

宿叶寒犹在，芳芽冷未伸。

茅茨溪山焙，篮笼雨中民。

长疾勾萌折，开齐分两均。

带烟蒸雀舌，和露叠龙鳞。

作贡胜诸道，先尝只一人。

缄封瞻阙下，邮传渡江滨。

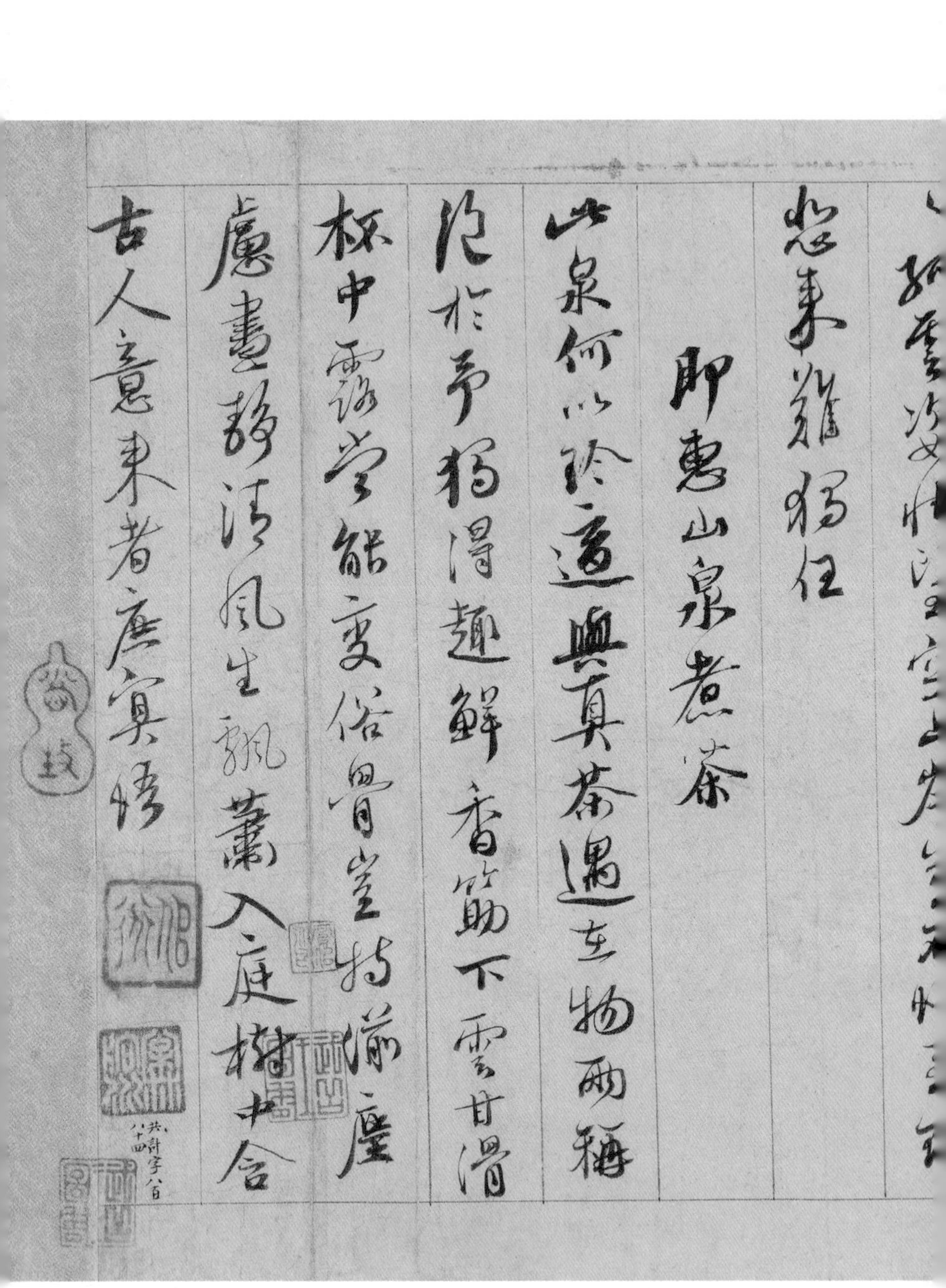

北宋　蔡襄　《行书自书诗卷·即惠山泉煮茶》　故宫博物院藏

特旨留丹禁，殊恩赐近臣。

啜将灵药助，用于上尊亲。

投进英华尽，初烹气味醇。

细香胜却麝，浅色过于筠。

顾渚惭投木，宜都愧积薪。

年年号供御，天产壮瓯闽。

《即惠山泉煮茶》为蔡襄手书墨迹，存于其《自书诗卷》中，《自书诗卷》现藏于故宫博物院，是蔡襄的主要传世作品之一。《即惠山泉煮茶》墨迹共六行，其书用笔灵动，线条变化粗细合度，极尽自然之态。

蔡襄深谙茶道，故亦晓水品，如前所述的欧阳修以龙茶、惠泉等为润笔，当属投其所好。《即惠山泉煮茶》诗写出了品茶品泉之道：

此泉何以珍，适与真茶遇。

在物两称绝，于予独得趣。

鲜香箸下云，甘滑杯中露。

当能变俗骨，岂特湔尘虑。

昼静清风生，飘萧入庭树。

中含古人意，来者庶冥悟。

蔡襄在诗中认为，惠山泉之所以珍贵，是因为与“真茶”相遇的缘故。在以泉煮茶之过程中，他自谓已得其中三昧，就是诗中所说的“变俗骨”“湔尘虑”“清风生”，这种富有古意的雅

精茶數片不一一 襄上

之謹左右

牯犀作子一副可直

幾何欲託一觀 士貴

者要百五十千

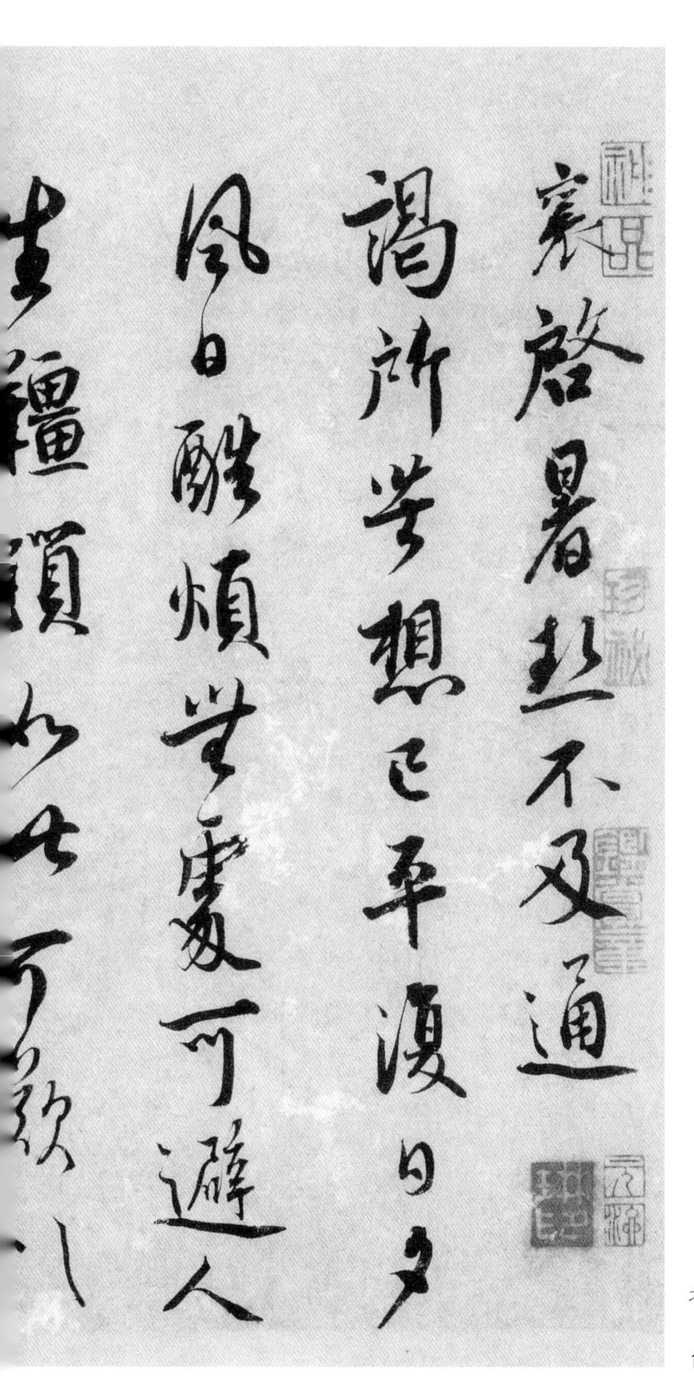

北宋　蔡襄
《精茶帖》
台北故宫博物院藏

趣，凡善事煮饮者大概都能“冥悟”其意的。

蔡襄另有一手札，名《精茶帖》（也称《暑热帖》或《致公谨尺牍》），藏于台北故宫博物院，入刻《三希堂法帖》，亦刊见于故宫博物院印行的《宋四家墨宝》。帖云：

> 襄启：暑热不及通谒，所苦想已平复。日夕风日酷烦，无处可避。人生缰锁如此，可叹可叹。精茶数片，不一一。襄上。

该帖亦是行书写成，用笔时疾时徐，映带顿挫，随意而行，结构谨严而神采奕奕。

由此帖内容可知，手札是写给“公谨”的，时值盛夏，因为天气炎热，“无处可避”，顿时生发出“人生缰锁如此”的感叹。帖中所云“精茶数片”，是送给“公谨”饮用的，以此作为消暑清热的佳物，可谓恰逢其时。而“精茶”是否可解脱“人生之缰锁”，则唯有“公谨”自己知晓了。

我们从以上列举的《即惠山泉煮茶》和《精茶帖》可领略蔡襄运笔的风采。蔡襄各种书体皆能，而且均达到了一定的艺术高度。宋代之书法艺术，大多以“意”胜之，相对而言，对法度的关注较为薄弱，而蔡襄在宋代是最重视书法之“法”的。在中国历史上能在茶艺、书道上同时享有盛名的，蔡襄为第一人。

苏轼茶事艺文荟萃

宋代有关茶的艺文创作中，蔡襄因其《茶录》内容的专业化和书艺的精湛而独领风骚，而苏轼在艺术形式的表现上则更为全面。在宋代的艺术家中，苏东坡是影响力最大的一位，这种影响力自然是源于他的博学及其文艺作品的感染力。

苏轼，字子瞻，号东坡居士，眉山（今四川眉山）人。生于宋仁宗景祐四年（1037）十二月，卒于宋徽宗建中靖国元年（1101）七月。他一生坎坷，仕途多舛，几度贬谪之间，游历了许多地域，受这些地方风土人情的熏陶及与各种人物的交往，加之自己的不懈进取，其诗文书画艺术焕发出独有的光彩。

苏轼有《东坡全集》一百多卷传世，留下三千七百多首诗、三百多首词和大量优美的散文。

苏轼对于儒家及佛道思想均有不同程度的吸收，这些思想在他的世界观中往往是矛盾而统一的，他的一些文论往往不经意地流露出这种特色。譬如，“辞至于达，足矣，不可以有加矣”，“意之所到，则笔力曲折无不尽意”；写作时，应“大略如行

清　边寿民　《蔬果器物杂画册·茶与墨》　故宫博物院藏

作品落款取苏轼与司马光“茶墨之辩”典故：“东坡云：司马温公尝与余言：茶与墨二者正相反，茶欲白，墨欲黑；茶欲重，墨欲轻；茶欲新，墨欲陈。余曰：上茶妙墨俱香，是其德同也；皆坚，是其操同也。譬如贤人君子，黔皙美恶之不同，其德操一也。公叹以为然。”

云流水，初无定质，但常行于所当行，常止于所不可不止”；他对生活的态度也是如此，所谓“游于物之外”，则“无所往而不乐”，“听其所为”，“莫之与争”。佛、道两家超然物外、与世无争的潇洒，在此可以略见一斑。这样的生活态度和艺术主张在他有关茶的作品中显得更为生动而形象，所谓“物性相宜”“妙笔生花”，以此形容苏东坡的作品是最恰当不过了。

一首《试院煎茶》，道尽烹茶的情趣，道尽古今名士的茗饮风采，也道尽了东坡此际因贫病苦饥不能得茶饮之精品而以一瓯知足的自慰心绪。

蟹眼已过鱼眼生，飕飕欲作松风鸣。
蒙茸出磨细珠落，眩转绕瓯飞雪轻。
银瓶泻汤夸第二，未识古人煎水意。
君不见，
昔时李生好客手自煎，贵从活火发新泉。
又不见，
今时潞公煎茶学西蜀，定州花瓷琢红玉。
我今贫病长苦饥，分无玉碗捧蛾眉。
且学公家作茗饮，砖炉石铫行相随。
不用撑肠拄腹文字五千卷，
但愿一瓯常及睡足日高时。

在《游惠山》诗中，苏东坡的这种与世无争的思想更进一步地融入“茶瓯”之中：

敲火发山泉，烹茶避林樾。
明窗倾紫盏，色味两奇绝。
吾生眠食耳，一饱万想灭。
颇笑玉川子，饥弄三百月。
岂如山中人，睡起山花发。
一瓯谁与共？门外无来辙。

《和蒋夔寄茶》一诗，又集中地表现了他随缘自足的处世哲学。在辗转各地的年月里，苏轼对于各种茶的烹饮法都能适应而用之，宽怀以待。正如诗中所说：“人生所遇无不可，南北嗜好知谁贤。”此诗借茶抒情，实可视为东坡胸志之独白。

我生百事常随缘，四方水陆无不便。
扁舟渡江适吴越，三年饮食穷芳鲜。
金齑玉脍饭炊雪，海螯江柱初脱泉。
临风饱食甘寝罢，一瓯花乳浮轻圆。
自从舍舟入东武，沃野便道桑麻川。
剪毛胡羊大如马，谁记鹿角腥盘筵。
厨中蒸粟堆饭瓮，大勺更取酸生涎。
柘罗铜碾弃不用，脂麻白土须盆研。
故人犹作旧眼看，谓我好尚如当年。
沙溪北苑强分别，水脚一线争谁先。
清诗两幅寄千里，紫金百饼费万钱。
吟哦烹噍两奇绝，只恐偷乞烦封缠。
老妻稚子不知爱，一半已入姜盐煎。
人生所遇无不可，南北嗜好知谁贤。
死生祸福久不择，更论甘苦争蚩妍。
知君穷旅不自释，因诗寄谢聊相镌。

东坡诗词意境的形成，大约是受交游的影响。苏轼好交僧友，经常往来的有参寥、梵英、辩才等。由《游惠山》序可见，创作氛围即是触发这种“出世”意味的契机。

余昔为钱塘倅，往来无锡，未尝不至惠山。即去五年，复为湖州，与高邮秦太虚、杭僧参寥同至。览唐处士王武陵、窦群、朱宿所赋诗，爱其语清简，萧然有出尘之姿。追用其韵，各赋三首。

苏轼与僧友的茶事交往也很多，在谪居黄州时，生活过得很艰苦，就如其《黄州寒食诗》中所称的那样，“空庖煮寒菜，破灶烧湿苇”。此时，他向大冶长老讨得了几枚茶籽，在居处黄冈东面（即“东坡”上）开垦荒地，种起了桃花茶来。这件事情，苏轼曾怀着真挚的情感用诗记述了下来，诗名就是《问大冶长老乞桃花茶栽东坡》。其中写道：

嗟我五亩园，桑麦苦蒙翳。
不令寸地闲，更乞茶子艺。
饥寒未知免，已作太饱计。
庶将通有无，农末不相戾。
春来冻地裂，紫笋森已锐。
牛羊烦诃叱，筐筥未敢睨。
江南老道人，齿发日夜逝。
他年雪堂品，空记桃花裔。

“饥寒未知免，已作太饱计”，既显通达之怀，也表慕茶之意。

杭州西湖孤山有智果寺，住持是僧参寥。寺中有一口泉，名“参寥泉”，是由东坡命名的，这里也有一则故事，颇有奇趣。苏轼在《书参寥诗》中有载：

仆在黄州，参寥自吴中来访，馆之东坡。一日，梦见参寥所作诗，觉而记其两句云："寒食清明都过了，石泉槐火一时新。"后七年，仆出守钱塘，而参寥始卜居西湖智果院。院有泉出石缝间，甘冷宜茶。寒食之明日，仆与客泛湖，自孤山来谒参寥，汲泉钻火，烹黄檗茶。忽悟所梦诗，兆于七年之前，众客皆惊叹，知传记所载，非虚语也。

由以上谈到的茶诗来看，其共同点是都反映了东坡落拓旷达、随遇而安的处世思想，也较形象地反映出佛、道思想对他的深刻影响。苏轼将自己的这种情愫寄之于茶，以诗的形式抒发出来，应该说是最合适的选择，这个选择，进一步深化和丰富了饮茶的哲学意蕴。

苏东坡有一种读书法，称为"八面受敌"，即对所读书中的内容作分门别类的掌握。所以每当他临文作诗时，无论遇到什么问题，都能与原来所学过的知识相联系。因而，在他的作品中，意趣、理趣颇有内涵，耐人咀嚼、欣赏。苏轼诗文中流传后世的名句甚多，也正是得益于他的博学。

在苏轼与茶有关的诗作中，最为后人所吟诵的有：

独携天上小团月，来试人间第二泉。

——《惠山谒钱道人，烹小龙团，登绝顶，望太湖》

活水还须活火烹，自临钓石取深清。

——《汲江煎茶》

周诗记苦荼，茗饮出近世。

——《问大冶长老乞桃花茶栽东坡》

戏作小诗君勿笑，从来佳茗似佳人。

——《次韵曹辅寄壑源试焙新茶》

何须魏帝一丸药，且尽卢仝七碗茶。

——《游诸佛舍，一日饮酽茶七盏，戏书勤师壁》

苏东坡的文章，特别是散文，向来与唐代的韩愈、柳宗元和宋代的欧阳修等相并称。他的散文善于随机生发，翻空出新，“出新意于法度之中，寄妙理于豪放之外”。语言无矜持之气，善取譬喻，饶有情致。他的一篇《叶嘉传》充分体现了这一特色。文中以拟人化手法，铺陈茶叶之历史、性状、功用诸方面的内容，情节起伏，对话精妙，读来十分动人。

应该说，苏轼的《叶嘉传》是一篇游戏性质的美文，但其影响却不小。自此以后出现的不少相似的“传”，如元代杨维桢的《清苦先生传》、明代徐岩泉的《茶居士传》和支中夫的《味苦居士传》等，均可以见到苏轼《叶嘉传》的写作手法。

苏轼以艺传茶，除了诗文以外，还有一种艺术形式，就是他的书法。当然，这些存世书法作品，并非有意识地要为茶文化、茶史留下些什么，但是它们确实已经成为茶文化史上的名篇，有助于我们对宋代茶事的了解。

宋代书法以“尚意”为主，苏轼于书法也多重于“意”的抒发，信手拈来，意趣两足，所谓“无意于嘉乃嘉”正是苏东坡书法的妙处所在。现从他的书法作品中，选出几幅作一欣赏。

《啜茶帖》，也称《致道源帖》，其书写用墨丰赡而骨力洞达，是苏轼于元丰三年（1080）写给道源的便札，共三十二字，分四行。便札为纸本，纵23.4厘米，横18.1厘米，现藏故宫博物院。此帖《墨缘汇观》《三希堂法帖》著录。

道源无事，只今可能枉顾啜茶否？有少事须至面白。孟坚必已好安也。轼上，恕草草。

“道源”是刘寀的字，其流寓都下，因上所陈事，神宗嘉之，历任州县，授朝奉郎。道源是个画家，以专门画鱼而出名，并擅作长短句。苏轼的《啜茶帖》又使我们知道了他还喜好品茗。

东坡喜交游，作为宋代的士大夫，结友宴茗是他生活中的常事，与蔡襄论泉品水，与温公（司马光）论茶墨之妙，与太虚（秦观）、参寥共倾紫盏游惠山，与老谦方丈玄谈茶汤三昧。

北宋文人陈慥，字季常，少时常与苏轼论兵及古今成败，待中年时，折节读书，终不遇，晚年庵居蔬食，不与世相闻。苏轼与陈慥的关系相当密切，书信往来很多，《一夜帖》为其中之一。

一夜寻黄居寀龙不获，方悟半月前是曹光州借去摹拓，更须一两月方取得。恐王君疑是翻悔，且告子细说与，才取得，即纳去也。却寄团茶一饼与之，旌其好事也。轼白。季常。廿三日。

据信札内容来分析，大概是“王君”向苏轼索借或购买一

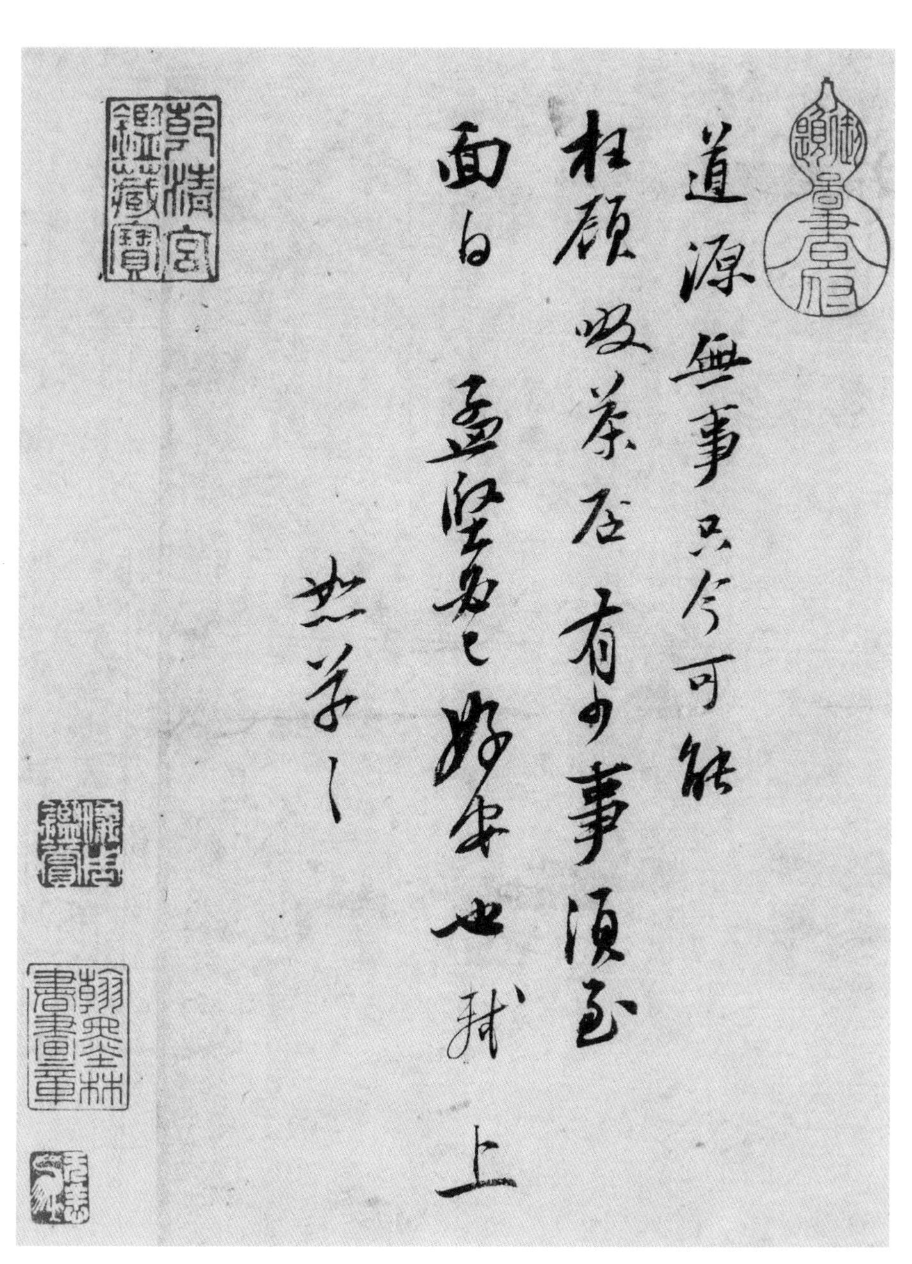

北宋　苏轼《啜茶帖》　台北故宫博物院藏

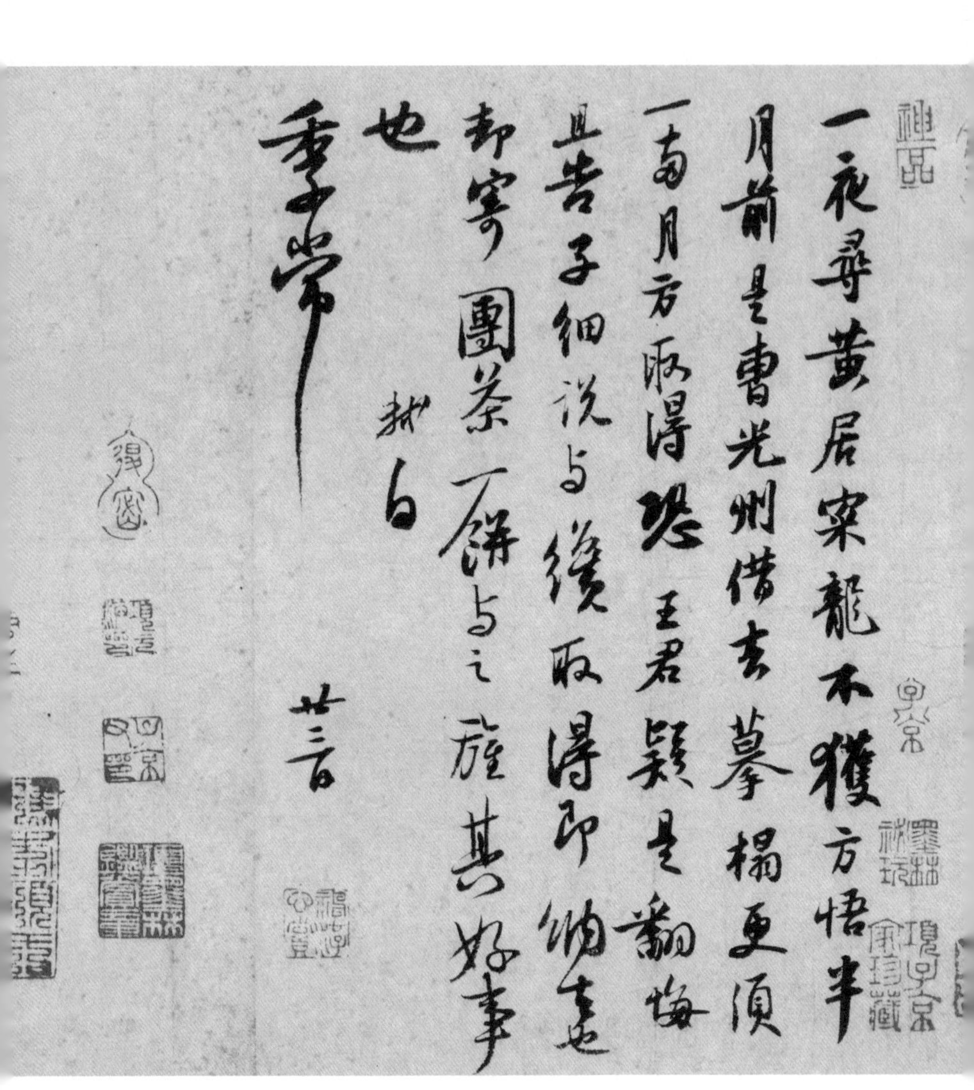

北宋　苏轼　《一夜帖》　台北故宫博物院藏

张黄居宷创作的画，东坡为此寻找了一晚上，却还是没有找到。后来记起是“曹光州”借去临摹未还。为了避免“王君”发生误会，便立即写了这封信，请季常向“王君”解释一下，一旦取回，马上送去。为了表示歉意，苏东坡随信带去“团茶一饼”，让季常转赠“王君”，以“旌其好事也”。“团茶一饼”表现了苏轼恪守诺言的美德。

《一夜帖》，又名《季常帖》或《致季常尺牍》，今藏台北故宫博物院，纸本，行书，纵27.6厘米，横45.2厘米，《墨缘汇观》《石渠宝笈续编》著录。其书法用笔遒劲而精妙，实为东坡书法之佳品。

《新岁展庆帖》，也是苏轼给陈季常的一通手札，其主要内容如下：

轼启。新岁未获展庆。祝颂无穷。稍晴，起居何如？数日起造必有涯，何日果可入城。昨日得公择书，过上元乃行，计月末间到此。公亦以此时来，如何如何？窃计上元起造尚未毕工，轼亦自不出，无缘奉陪夜游也。沙枋画笼，旦夕附陈隆船去次。今先附扶劣膏去。此中有一铸铜匠，欲借所收建州木茶臼子并椎，试令依样造看。兼适有闽中人便，或令看过，因往彼买一副也。乞暂付去人，专爱护，便纳上。余寒更乞保重。冗中恕不谨。轼再拜。季常先生丈阁下。正月二日。

在谈该帖之前，让我们先看苏轼的两首诗：

所收建州茶臼子并椎试令依样造看兼
适有闽中人便或令看过因往彼买一副也
乞暂付去人专爱护便纳上余寒更乞
保重冗中恕不谨　轼再拜
季常先生丈阁下　　正月二日

子由亦曾言方子明者他亦不甚怪也得非
柳中舍已到家言之乎未及奉慰疏且告
伸意伸意　柳丈昨得书人还即奉谢次
知壁画已坏了不须怏怅但顿着润
笔新屋下不愁无好画也

軾啓新歲未獲
展慶祝頌無窮稍晴
起居何如數日起造必有涯何日果可
入城昨日得公擇書過上元乃行計
月末間到此
公亦以此時來如何如何竊計上元起造尚未
畢工軾亦自不出無緣奉陪夜遊也沙枋
畫籠旦夕附陳隆船去次今先附扶劣

北宋 苏轼《新岁展庆帖》 故宫博物院藏

前人初用茗饮时，煮之无问叶与骨。
浸穷厥味臼始用，复计其初碾方出。
计尽功极至于磨，信哉智者能创物。
破槽折杵向墙角，亦其遭遇有伸屈。
岁久讲求知处所，佳者出自衡山窟。
巴蜀石工强镌凿，理疏性软良可咄。
予家江陵远莫致，尘土何人为披拂。

——《次韵黄夷仲茶磨》

铜腥铁涩不宜泉，爱此苍然深且宽。
蟹眼翻波汤已作，龙头拒火柄犹寒。
姜新盐少茶初熟，水渍云蒸藓未干。
自古函牛多折足，要知无脚是轻安。

——《次韵周穜惠石铫》

前一首诗，是讲茶磨的生成是基于臼和碾。作为一种碎茶工具，它与石质的好坏有相当的关系。苏轼认为衡山之石磨要比巴蜀的好，但由于自己僻处一隅而难得佳物，感到很遗憾。

后一首诗富含理趣，是赞誉周氏送给他的石铫的优点。由诗中可知，这种壶状饮具为青黑色石料制成，隔热性能良好，大腹无足，很稳固。

苏东坡曾经四次游历江苏宜兴，而且大多怀着愉快的心情，松风竹炉，提壶相呼。他有《楚颂帖》，记述了对宜兴山水花木的喜爱，后来又在当地买田置宅，作长久居住的打算。他在《次韵完夫再赠之什，某已卜居毗陵，与完夫有庐里之约云》诗

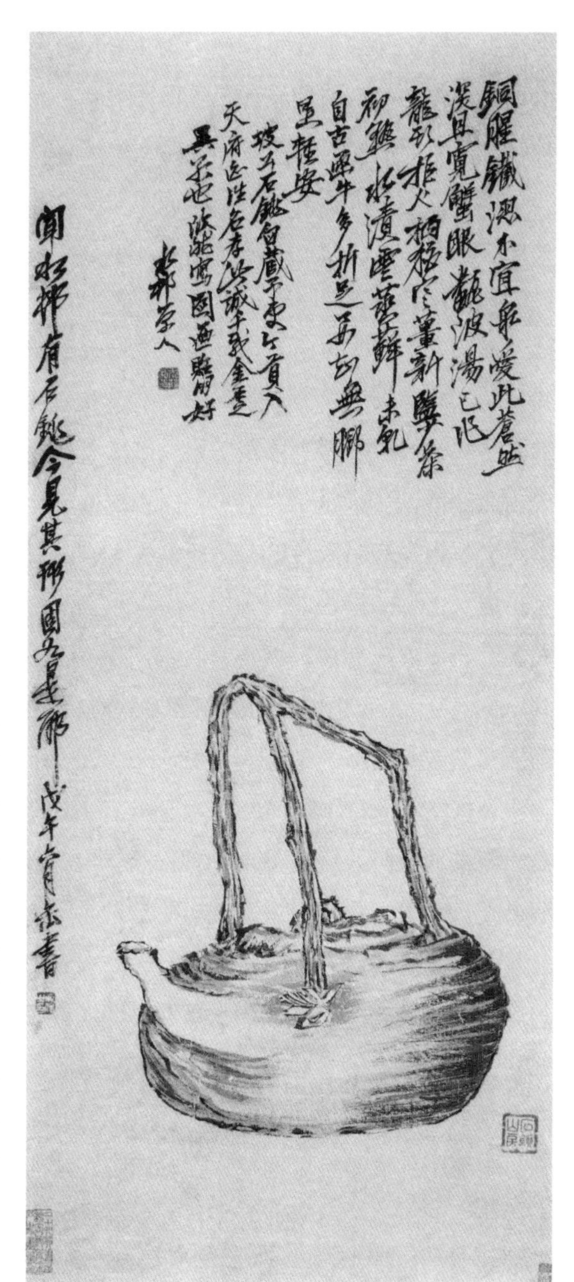

清　尤荫　《石铫图》

清代画家尤荫，家藏苏轼石铫一个，故给自己居所取名为“石铫山房”。此作，尤荫自题苏东坡《次韵周穜惠石铫》诗，并落款：“坡公石铫旧藏予处，今贡入天府，迹往名存，此诚千载金石之异能也，欣然写图，乃贻同好，水村学人。”下钤“尤荫私印”白文印，画面右下角钤“石铫山房”朱文印。此图左边还有吴昌硕题款：“闻水村有石铫，今见其形，固如是耶。戊午六月缶书。”

中，对阳羡雪芽茶也有颂及：“雪芽为我求阳羡，乳水应君饷惠山。”相传，苏东坡曾设计了一种提梁壶，壶身呈球状，上有高耸的三叉梁（把）。所以，说到“提梁壶”总是言必称东坡。

在东坡眼里，茶具不仅是烹茶的器皿，而且是饱含着哲理和灵性的艺术品。因而，当他得知季常家有一副茶臼，便赶快修书去借来，让工匠依样制造，便写下了这件《新岁展庆帖》。

根据《次韵周穜惠石铫》诗中“铜腥铁涩不宜泉”一句，可知茶具不宜用铜、铁等金属制作。《新岁展庆帖》中，东坡欲请铜匠仿铸茶臼，其意恐不在实用。所以，他在信中又说，假使有人到福建去，还是要请人去买一副石臼来。为了借一副茶臼，东坡在大年初二写了这封信，并派专人去取，如此在意，其癖好可见一斑。

《新岁展庆帖》，纸本，行书，纵30.2厘米，横48.8厘米，共十九行，二百四十七字，今藏故宫博物院。此帖《快雪堂法书》《三希堂法帖》摹刻，《墨缘汇观》著录，南宋岳珂曾评之为“如繁星丽天，映照千古”。

蔡襄为茶叶专家，无论在制茶还是在烹煮、鉴赏上，都堪称出类拔萃之人物。但是，他却在与人“斗试”茶艺中，败于一艺妓之手，看来似乎有几分“冤枉”。记录此事的，即是苏轼的《天际乌云帖》：“杭州营籍周韶，多蓄奇茗，常与君谟斗胜之。”此事也见于《诗女史》：“杭妓周韶有诗名，好蓄奇茗，尝与蔡君谟斗胜，题品风味，君谟屈焉。”《天际乌云帖》所载，未明确到底是谁胜谁负，但既然是“常与君谟斗胜之”，则其中必有胜君谟的时候。而《诗女史》之载，则直接称“君谟屈焉”。周韶能胜于蔡襄的原因，倒不仅是她有较高的烹茶技巧，而且她手上有很多人所未见的“奇茗”。奇茗如奇兵，热衷于北苑龙团的“正统”专家蔡君谟屈居其下，虽是始料不及，却也在情理之中。

那么，周韶的“奇茗”来自何处？品质特征如何？它们与当时的贡品“北苑茶”的区别又如何？周韶是用什么方法烹点取胜的呢？《天际乌云帖》给后人留下了这一串难以解开的“茶谜”。

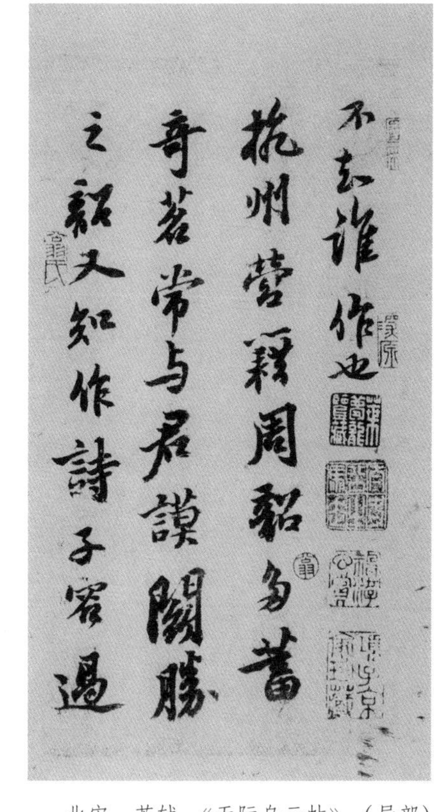

北宋　苏轼　《天际乌云帖》（局部）

《天际乌云帖》，明汪砢玉《珊瑚网》著录。据清翁方纲考证，此为苏东坡熙宁十年（1077）至元祐二年（1087）间所书。此帖为行书，无款。题跋者有元虞集、倪瓒，明马治、张雨、董其昌及清翁方纲等。

苏东坡一生爱茶，有关茶的书法作品较多，因篇幅所限，不能一一罗列。然从以上四件作品，已大致可见其翰墨功夫，以及作品与茶文化之关系。在这些手札中，我们同样也可领略到东坡先生那挥毫啜茗的绝代风采。古人说：“书如其人。”赏其书，如见其人，不亦乐乎。

“山谷”茗香

黄庭坚，字鲁直，号山谷道人，洪州分宁（今江西修水）人，北宋治平元年（1064）举进士。

苏轼门下有黄庭坚、秦观、张耒、晁补之四人，号称“苏门四学士”，其中，黄庭坚在诗歌艺术上成就最大，因此与苏轼齐名，并称“苏黄”。

黄庭坚的诗文曾被东坡称为“超轶绝尘，独立万物之表”，对他的词，苏轼有“瑰伟之文，妙绝当世，孝友之行，追配古人”之誉。文学史家评价，黄庭坚的作品与其师苏东坡有很大的不同，“苏诗气象阔大，如长江大河，风起涛涌，自成奇观；黄诗气象森严，如危峰千尺，拔地而起，使人望而生畏，在艺术上各自创造了不同的境界”（《中国文学史》，游国恩等主编）。

黄庭坚喜欢在佛经、语录、小说等杂书里找一些冷僻的典故、稀见的字词来避免诗文的熟滥，但有时受到真情实境的激发，也能写出清新流畅的诗篇和文章，这两种风格，在他以茶为主题的作品中屡见不鲜。

刘侯惠我大玄璧，上有雌雄双凤迹。
鹅溪水练落春雪，粟面一杯增目力。
刘侯惠我小玄璧，自裁半璧煮琼糜。
收藏残月惜未碾，直待阿衡来说诗。
绛囊团团余几璧，因来送我公莫惜。
个中渴羌饱汤饼，鸡苏胡麻煮同吃。

——《奉谢刘景文送团茶》

此诗中所云“阿衡”，即匡衡，西汉经学家，能文学，善解《诗经》，并时常引经义而议论政治得失。以匡衡代指贵宾，而不以其他人物代之，似乎也与黄庭坚政治抱负不得施展有关。荣辱升沉的生活经历，在其诗文用典上也很自然地反映了出来。

筠焙熟茶香，能医病眼花。
因甘野夫食，聊寄法王家。
石钵收云液，铜瓶煮露华。
一瓯资舌本，我欲问三车。

——《寄新茶与南禅师》

由于赠诗对象是禅林中人，所以黄庭坚的诗中用了佛家之典语。如“法王”，意思为一教的说法之主，佛经中常以此尊称释迦牟尼，有时也将崇奉佛法的统治者称为“法王”。因为南禅师是奉佛之人，所以称其为“法王”。“三车”即佛家语“三乘”，佛教认为人有三种“根器”，因此也就有三种不同的修持途径，并喻之以所乘之车。“三车”也可视为佛教哲理的代称。

黄庭坚与苏东坡相同的是，他也热衷于禅学，在他被贬涪州别驾、黔州安置时，都能淡然以待。以学禅解脱人生的痛苦和烦恼，是黄庭坚的一大法宝。所以，他的茶诗中也十分自然地透出这种心悟的声韵来。

在黄庭坚的茶诗中有不少是与师友的唱和之作，或即兴为之，用典不多，平白而有情致，倒是很合茶性，读来犹如春风拂面。

人间风月不到处，天上玉堂森宝书。

想见东坡旧居士，挥毫百斛泻明珠。

我家江南摘云腴，落硙霏霏雪不如。

为君唤起黄州梦，独载扁舟向五湖。

——《双井茶送子瞻》

双井茶是黄庭坚家乡的名产，诗中将其对双井茶的喜爱述诸笔端。他的另几首诗，也是称颂双井茶的，同样也写得平直而富有情感。

龙焙东风鱼眼汤，个中即是白云乡。

更煎双井苍鹰爪，始耐落花春日长。

——《戏答荆州王充道烹茶四首之一》

校经同省并门居，无日不闻公读书。

故持茗碗浇舌本，要听六经如贯珠。

心知韵胜舌知腴，何似宝云与真如。

汤饼作魔应午寝，慰公渴梦吞江湖。

——《以双井茶送孔常父》

江夏无双乃吾宗，同舍颇似王安丰。
能浇茗碗湔祓我，风袂欲挹浮丘翁。
吾宗落笔赏幽事，秋月下照澄江空。
家山鹰爪是小草，敢与好赐云龙同。
不嫌水厄幸来辱，寒泉汤鼎听松风，
夜堂朱墨小灯笼。
惜无纤纤来捧碗，唯倚新诗可传本。

——《答黄冕仲索煎双井并简扬休》

黄庭坚的茶词用典不像在诗中的那么多，语言也较为清素明朗。

摘山初制小龙团，色和香味全。碾声初断夜将阑。烹时鹤避烟。　消滞思，解尘烦。金瓯雪浪翻。只愁啜罢水流天。余清搅夜眠。

——《阮郎归·摘山初制小龙团》

凤舞团团饼。恨分破、教孤令。金渠体净，只轮慢碾，玉尘光莹。汤响松风，早减了，二分酒病。　味浓香永。醉乡路，成佳境。恰如灯下，故人万里，归来对影。口不能言，心下快活自省。

——《品令·茶词》

親前 此亦人生極可意事且

主人相與平生傾倒餘復何言 聞說

文潛有嘉除 甚慰孤寂 但未知為何官耳 山川

悠遠 臨書懷想不可言 千万

為親自重 樽前頗能剛制酒否 每思

常在魏時多小疾 亦不劇 忘念 不次 庭堅叩頭上

無咎 通判學士老弟

五月五日

宋翰林太史脩神宗實錄分寧黃山谷庭堅魯直書

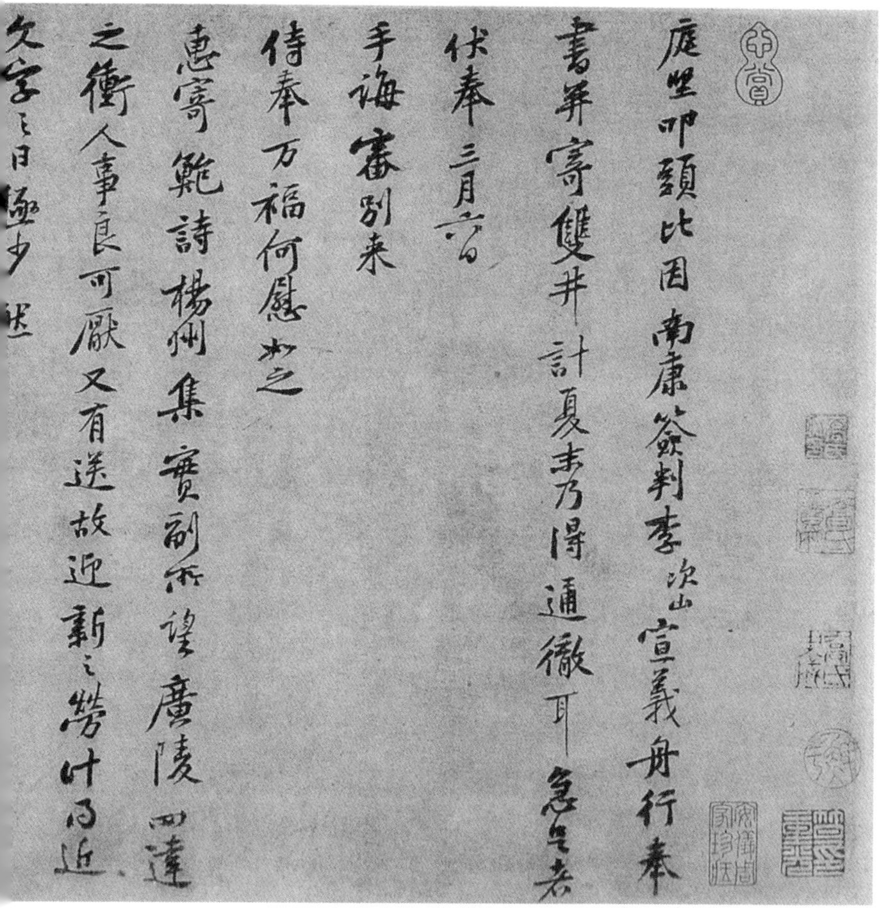

北宋　黄庭坚　《南康帖》　台北故宫博物院藏

内云：“比因南康签判李次山宣义舟行。奉书。并寄双井。”

北苑春风，方圭圆璧，万里名动京关。碎身粉骨，功合上凌烟。尊俎风流战胜，降春睡，开拓愁边。纤纤捧，研膏溅乳，金缕鹧鸪斑。　　相如，虽病渴，一觞一咏，宾有群贤。为扶起灯前，醉玉颓山，搜搅胸中万卷，还倾动，三峡词源。归来晚，文君未寝，相对小窗前。

——《满庭芳·茶》

夜永兰堂醺饮，半倚颓玉，烂熳坠钿堕履，是醉时风景。花暗烛残，欢意未阑，舞燕歌珠成断续，催茗饮，旋煮寒泉，露井瓶窦响飞瀑。　　纤指缓，连环动触。渐泛起，满瓯银粟，香引春风在手，似粤岭闽溪，初采盈掬。暗想当时，探春连云寻篁竹。怎归得，鬓将老，付与杯中绿。

——《看花回·茶词》

从总体上看，作为“江西诗派”首领的黄庭坚，其诗其文都有“作意好奇”的特点，这在他的《煎茶赋》一文中便有集中的体现，用典和奇词的数量极多。

汹汹乎如涧松之发清吹，皓皓乎如春空之行白云。宾主欲眠而同味，水茗相投而不浑。苦口利病，解醪涤昏，未尝一日不放箸，而策茗碗之勋者也。余尝为嗣直瀹茗，因录其涤烦破睡之功，为之甲乙。建溪如割，双井如挞，日铸如绝。其余苦则辛螫，甘则底滞，呕酸寒胃，令人失睡，亦未足与议。或曰无甚高论，敢问其次。涪翁曰：味江之罗山，严道之蒙顶，黔阳之都濡高株，泸川之纳溪梅岭，夷陵之压砖，临邛之火井。不得已而去于三，则六者亦可酌兔褐之瓯，瀹鱼眼之鼎者也。或者又曰：寒中瘠气，莫甚于茶。或济之盐，勾贼破家，滑窍走水，又况鸡苏之与胡麻。涪翁于是酌岐雷之醪醴，参伊圣之汤液，斫附子如博投，以熬葛仙之垩。去蓤而用盐，去橘而用姜，不夺茗味，而佐以草石之良，所以固太仓而坚作强。于是有胡桃、松实、菴摩、鸭脚、勃贺、靡芜，水苏、甘菊，既加臭味，亦厚宾客。前四后四，各用其一，少则美，多则恶，发挥其精神，又益于咀嚼。盖大匠无可弃之材，太平非一士之略。厥初贪味隽永，速化汤饼，乃至中夜不眠，耿耿既作，温齐殊可屡歃。如以六经，济三尺法，虽有除治，与人安乐。宾至则煎，去则就榻，不游轩石之华胥，则化庄周之蝴蝶。

黄庭坚的艺术成就，除诗文外，还表现在书法中。他的书法受到苏东坡的影响，但其作品的艺术特征却与苏东坡有很大的不同。黄庭坚书法的风格特征表现为结构的中宫密集、呈辐射式的四周开展。同时，他在用笔上颇有些幽默的意味。

黄庭坚书法作品中，有关茶的不多见，在此介绍两件，以供欣赏。

第一件是《元祐四年正月初九日茶宴和御制元韵》，这首诗并非茶诗，是黄庭坚在宋哲宗举行的茶宴上写就的和皇帝的诗，写于元祐四年（1089）。“茶宴”一词，最早可见于唐代

北宋　黄庭坚　《元祐四年正月初九日茶宴和御制元韵》（拓本局部）

钱起《与赵莒茶宴》，但以茶会友，结宴咏谈之事在魏晋时期已经出现。至于在皇室中，特别是由皇帝亲临的茶宴，常以宋宣和二年（1120）十二月的延福宫曲宴为证（见蔡京《延福宫曲宴记》），但有宴茶之实而未见有“茶宴”之名。黄庭坚之作，要早于蔡氏所作约三十年，而且其中“茶宴”二字，可说是迄今为止古人存世“茶宴”书迹中的第一件。赏其书法的同时，我们对宋代的宫廷茶宴更增进了了解。

第二件是行书《奉同公择尚书咏茶碾煎啜三首》，所书内容是其自作诗三首，创作时间是建中靖国元年（1101）八月十三日。

其一曰：

要及新香碾一杯，不应传宝到云来。

碎身粉骨方余味，莫厌声喧万壑雷。

其二曰：

风炉小鼎不须催，鱼眼常随蟹眼来。

深注寒泉收第二，亦防枵腹爆乾雷。

其三曰：

乳粥琼糜泛满杯，色香味触映根来。

睡魔有耳不及掩，直拂绳床过疾雷。

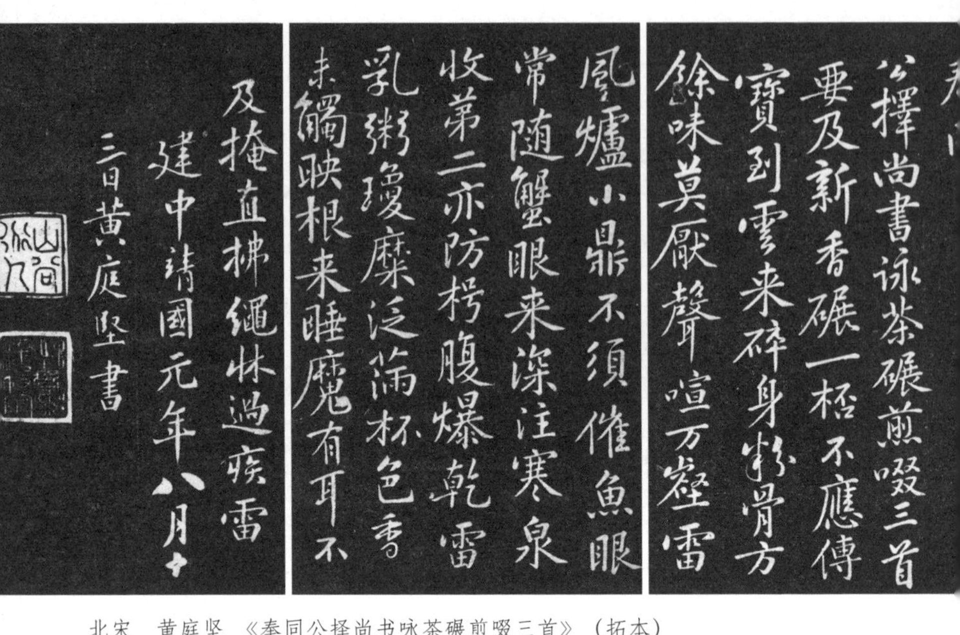

北宋　黄庭坚《奉同公择尚书咏茶碾煎啜三首》（拓本）

第一首主要描写碾茶，第二首是描写煎水，第三首是写煮茶及饮茶。

此书作中有少数几个字，与传世诗文略有相异。第一首中“要及新香碾一杯”一句，一些刊本中为“要及新茶碾一杯”；第二首中“鱼眼常随蟹眼来”或作“鱼眼长随蟹眼来”，“深注寒泉收第二”或作“深注寒泉收第一”；第三首中“乳粥琼糜泛满杯”或作“乳粥琼糜露脚回”。此外，其诗名或作《奉同六舅尚书咏茶碾煎烹三首》。因此，该件书作除了其独具的欣赏价值之外，还可资校订之用。

“米颠”茶兴

“宋四家”中的米芾，字元章，号襄阳漫士、海岳外史、鹿门居士等，世居太原（今属山西），迁襄阳（今属湖北），后来定居于润州（今江苏镇江）。米芾曾任书画学博士，官至礼部员外郎，人称“米南宫”，又因其嗜书画古物如命而不拘小节，故世有“米颠”之雅号。

米芾的文学、书画艺术在当时已经颇负盛名，即如王安石这样的国相，也曾经摘录其诗句，书在自己的扇子上。苏东坡对米氏的书法颇多赞语，认为他的书法“超逸入神”，“风樯阵马，沉着痛快，当与钟、王并行”。黄庭坚评其“如快剑斫阵，强弩射千里，所当穿彻，书家笔势，亦穷于此”。米芾的山水画也有独家风范，其用笔之法，被后人称为“米点”。米芾在中国印学史上也有独特的地位，他是有史可证的第一位自篆自刻的印人，有许多印论也为后人所重。得诗、书、画、印四全，米芾是第一人。

米芾是位个性很强的人，对自己的作品颇为自负。他在任书画学博士时，有一次被皇帝召见，问及当朝几位著名书法家的艺

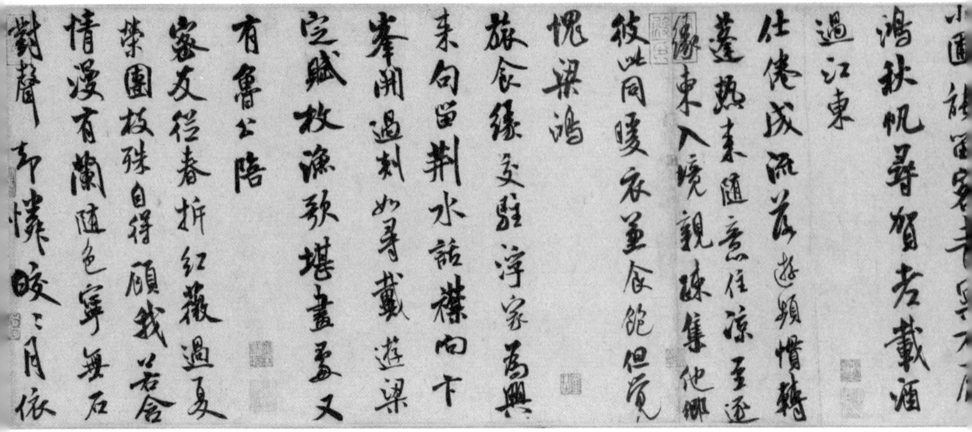

术特色，他便不客气地一一评论开了：“蔡京不得笔，蔡卞得笔而乏韵，蔡襄勒字，沈辽排字，黄庭坚描字，苏东坡画字。”皇帝不动声色地又问道：“你自己的书法如何？”米芾不加思索地说：“臣书刷字。”言下之意，其他几位不是不得用笔的要领，就是缺乏韵味，或刻板，或描摹做作，不尽自然之妙，而自己的书法则用笔如刷，迅捷而天真。

米芾除了自负以外，还有癖好古物的“毛病”，为了艺术，可以散尽财物，乐于居贫。他当了官以后，把家里的钱都分给了族人，后来尽管生活贫困，却并不因此感到后悔，遇见好的古书名画仍倾囊而购。他所住的是一间租来的破屋，经常在此鉴赏古物，创作书画，并在家中备有名茶清泉，“客至烹饮，出诸奇相与把玩，啸咏终日”。

因为米芾对书画浸淫极深，后人多以书画家目之，而有关茶事方面记述极少。但米芾所处的人文环境中茶饮气息是相当浓厚的，他所结交之人，如苏东坡、黄庭坚等均为一代茶道俊贤，而朝

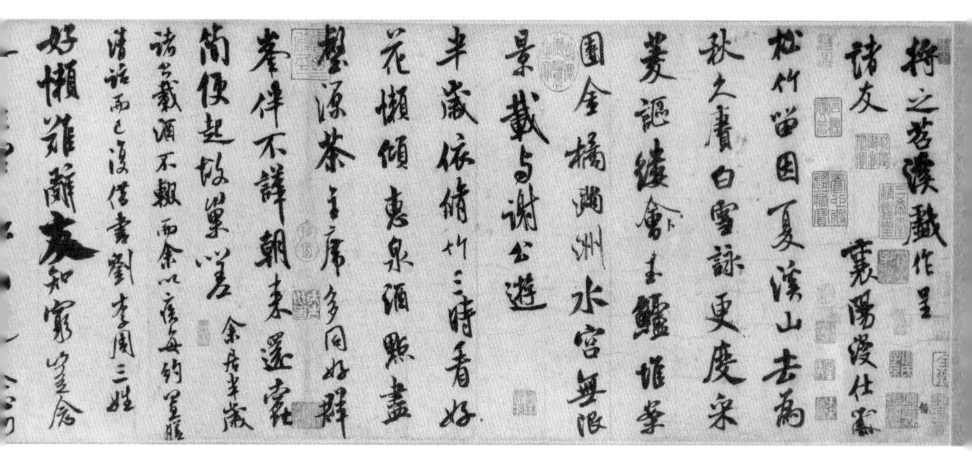

北宋　米芾《苕溪诗帖》（局部）　故宫博物院藏

夕可见的宋徽宗更是个热衷于茶事的皇帝。米芾也善交僧友，与杭州龙井寺的辩才是知交，而辩才经常“汲水供茗”，以飨良友。

米芾的一曲《满庭芳·绍圣甲戌暮春与周熟仁试赐茶，书此乐章》词（一说为秦观所作），即生动地描写了聚朋宴茶的情景。

> 雅燕飞觞，清谈挥麈，使君高会群贤。密云双凤，初破缕金团，窗外炉烟似动。开瓶试、一品香泉，轻淘起，香生玉尘，雪溅紫瓯圆。　　娇鬟，宜美盼，双擎翠袖，稳步红莲。坐中客翻愁，酒醒歌阑。点上纱笼画烛，花骢弄、月影当轩。频相顾，余欢未尽，欲去且流连。

在米芾的书法中，尚未发现长篇的反映茶事的作品，然偶尔涉笔也颇有意趣。

比如说《苕溪诗帖》，记述了他受到朋友们的热情款待，每天酒肴不断之事。一次，米芾有小恙，就模仿晋人，玩起了“以

吳江垂虹亭作
斷雲一片洞庭帆，玉破鱸魚霜破柑。好作新詩繼桑苧，垂虹秋色滿東南。
泛泛五湖霜氣清，漫漫不辨水天形。何須織女支機石，且戲常娥稱客星。
時爲湖州之行

北宋　米芾　《蜀素帖·吴江垂虹亭作》　台北故宫博物院藏

茶代酒”的雅事。其诗后有跋云：“余居半岁，诸公载酒不辍，而余以疾，每约置膳清话而已……”其诗曰：

半岁依修竹，三时看好花。
懒倾惠泉酒，点尽壑源茶。
主席多同好，群峰伴不哗。
朝来还蠹简，便起故巢嗟。

《吴江垂虹亭作》是米芾于湖州之行中所作，其诗曰：

断云一片洞庭帆，玉破鲈鱼金破柑。
好作新诗继桑苎，垂虹秋色满东南。

诗中的“桑苎”就是指陆羽，表露了米芾倾慕陆羽遗风的心绪。《道林帖》，也是一首诗：

楼阁明丹垩，杉松振老髯。
僧迎方拥帚，茶细旋探檐。

诗中描写的是在郁郁葱葱的松林中，有一座寺院，僧人一见客人到来，便拥帚、置茗相迎。“拥帚”亦称“拥彗”，扫地之意。古人迎候尊贵，唯恐尘埃触及客人，常拥帚以示敬意。“茶细旋探檐”，意为从屋檐上挂着的茶笼中取出好茶。“探檐”一词，在生动地表现了寺院僧人以茶敬客的同时，也记录了宋代茶叶贮存的特定方式。蔡襄的《茶录》中也曾有这样的论述：“茶

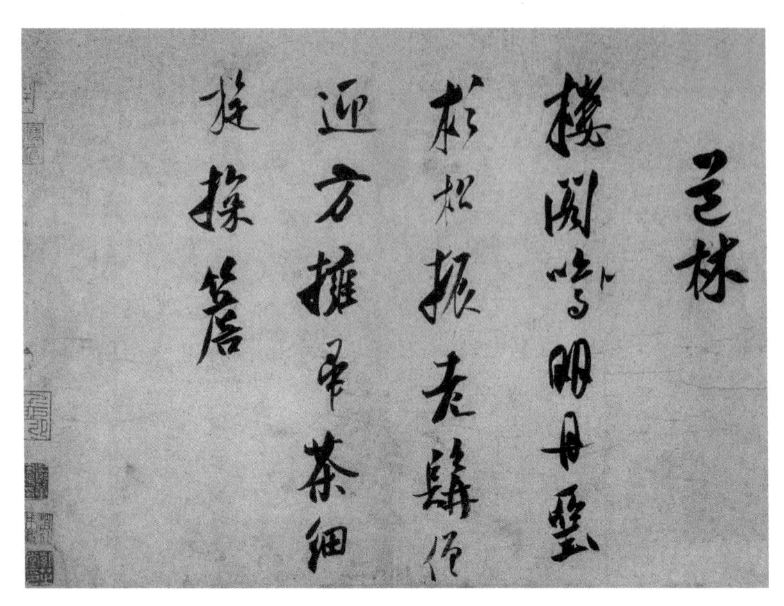

北宋　米芾　《道林帖》　故宫博物院藏

不入焙者宜密封，裹以蒻，笼盛之，置高处，不近湿气。”

此外，米芾还有自书《醉太平》小词一首，将荷花比作美女，邀人茗饮，虽略有脂粉气，但也不失别致。词曰：

> 风炉煮茶，霜刀剖瓜，暗香微透窗纱。是池中藕花。　高梳髻鸦，浓妆脸霞，玉尖弹动琵琶。问香醪饮么。

该帖著录于明汪砢玉《珊瑚网》中，但未见真迹传世。

形形色色的“玩茶”艺术

如果说，唐代是茶叶生产大发展、茶叶饮用大普及的时代，那么，宋代可以说是茶叶艺术百花盛开的时代。

宋代，茶叶在压制成饼状的同时，又可生成各种花样，有方、圆、花形、玉璧等，还可在饰面上标字，在茶体上或塑或绘龙凤等图案。这样一来，茶的欣赏价值就大大提高了。在当时，茶的种种“玩法”为文人雅士们所津津乐道。这类“玩茶”的艺术不是通过诸如笔墨纸砚所产生，而是以“茶”及相关物质材料来表现的。此外，这些艺术的产生，很少是出于功利性目的，而只是出于“玩”的雅兴，是为了欣赏和遣兴。

在宋代，茶的玩法有干、湿之分。所谓“干玩”，是指茶不经煎烹，直接用于相应的艺术活动。据记载，这种玩法有两种，一是“绣茶”，二是“漏影春”。

“绣茶”艺术见于南宋周密的《乾淳岁时记》。在每年仲春上旬，北苑所贡第一纲茶就到了宫中，此茶的包装甚为精美，共有百銙，都是用雀舌水芽所造。据说，一銙只可冲泡几盏。大概是太珍贵的缘故，一般都舍不得饮用，所以一种“干看”的玩茶法就产生了。正如周密《武林旧事·进茶》所谓，“禁中大庆贺，则用大镀金㼽，以五色韵果簇飣龙凤，谓之‘绣茶’，不过悦目。亦有专其工者，外人罕知”。

周密所记说得很清楚，一是专门用来赏心悦目的，二是有专门从事“绣茶”的人。可见，“绣茶”是一种内宫经常举行的观赏活动，否则没有必要设置这样的专业人员，既是“专其工者”，想必也绝非一般人所能胜任。

“漏影春”的玩法更早，大约出现于唐末或五代。宋陶谷的《清异录》记载：“漏影春法，用镂纸贴盏，糁茶而去纸，伪为花身。别以荔肉为叶，松实、鸭脚（银杏）之类珍物为蕊，沸汤点搅。”

由此记述看，“漏影春”类似于现在的食品拼盘技艺。末茶黄绿而为花，荔枝肉洁白如玉却为叶，松仁、鸭脚很珍贵，所以只能少量地用于点蕊。“漏影春”的功用可以分为前后两段，冲点之后是饮用，而冲点之前则用于观赏。“拼盘”的过程是个艺术创作过程，它与“绣茶”有异曲同工之妙。经过精心塑型的茶端上桌来，首先是观赏，之后才是品尝，因为一旦沸水冲入，这一切均将化为乌有。

“湿玩”则重于茶汤色香味的鉴赏，较之于“干玩”似乎更加抽象一些，游艺的技巧也更为新颖，更富情趣。“湿玩”的主要形式是“斗茶”和“分茶”。

“斗茶”，其艺术性最初并未引起人们的注意，因为它首先是一种茶叶品质的比较方法，有着极强的功利性。它最初应用于贡茶的选送和市场价格、品位的竞争，其一个“斗”字，已经概括了这种比较的激烈程度，所以“斗茶”也被称为“茗战”。

宋代贡茶的基地是在福建的建安北苑，“斗茶”在这里也最为盛行。北宋文学家范仲淹有一首著名的诗作，名为《和章岷从事斗茶歌》，对“斗茶”活动作了细微描述：

年年春自东南来，建溪先暖冰微开。
溪边奇茗冠天下，武夷仙人从古栽。
新雷昨夜发何处，家家嬉笑穿云去。
露芽错落一番荣，缀玉含珠散嘉树。
终朝采掇未盈襜，唯求精粹不敢贪。
研膏焙乳有雅制，方中圭兮圆中蟾。
北苑将期献天子，林下雄豪先斗美。
鼎磨云外首山铜，瓶携江上中泠水。
黄金碾畔绿尘飞，碧玉瓯中翠涛起。
斗茶味兮轻醍醐，斗茶香兮薄兰芷。
其间品第胡能欺，十目视而十手指。
胜若登仙不可攀，输同降将无穷耻。
吁嗟天产石上英，论功不愧阶前蓂。
众人之浊我可清，千日之醉我可醒。
屈原试与招魂魄，刘伶却得闻雷霆。
卢仝敢不歌？陆羽须作经。
森然万象中，焉知无茶星。
商山大人休茹芝，首阳先生休采薇。
长安酒价减万千，成都药市无光辉。
不如仙山一啜好，泠然便欲乘风飞。

君莫羡花间女郎只斗草，赢得珠玑满斗归。

南宋刘松年绘有《斗茶图》（或称《卖茶图》）、《茗园赌市图》等，也是表现了这方面的内容。

《斗茶图》，画面中央有茶贩四人歇担路旁，两两相对，各自夸耀，从神情及歇担位置来分析，似为路遇。茶担是竹质小茶桌架与货架的结合物，挑起为担，放下为桌，十分利于经营。画面中，老树枝干刚劲，细叶初绽，是为早春时节。

“斗茶”从实用到艺术的性质转换，是依赖于茶叶在冲泡过程中表观出来的美感。如范仲淹《斗茶歌》已经写到的“黄金碾畔绿尘飞，碧玉瓯中翠涛起。斗茶味兮轻醍醐，斗茶香兮薄兰芷”，不正是茶的色、香、味的绝妙之处吗？后来，文人们便专注于这种美的比较和享受，而实用性的目的已退居其次，甚至逐渐消失。

“斗茶”，其实反映的是宋代茶饮的冲点技巧和要求，这在宋人所著的茶书中有许多记载。如蔡襄《茶录》中所述，几乎都是“斗试品点”的要素。

茶色，“黄白者受水昏重，青白者受水鲜明，故建安人斗试以青白胜黄白”。

茶香，“建安民间试茶，皆不入香，恐夺其真”。

茶味，“主于甘滑”，“水泉不甘，能损茶味”。

所用器具及其操作也甚讲究。“茶匙要重，击拂有力”；汤瓶“要小者，易候汤，又点茶、注汤有准”；茶盏，“茶色白，宜黑盏……其青白盏，斗试家自不用”。

在宋徽宗《大观茶论》里，茶的点法虽然仍是“斗茶”之

南宋　刘松年《斗茶图》　台北故宫博物院藏

法，但是追求的效果和目的却有所不同，观赏已居于首位了（特别是其中“点”一节），也就是说，点茶更注重其艺术的表现力。

宋徽宗赵佶在茶文化历史上也是一个标志性的人物。他在茶的研究与实践上，尤其在点茶方面，表现出了非凡的天赋。

徽宗留给茶界的遗产有两件最为著名，一是著作《大观茶论》，另一件，就是工笔人物画《文会图》。《大观茶论》中，其对点茶用水、用器以及茶汤的色、香、味等的鉴赏标准，均能深中肯綮。特别是 “点”一节，颇有点像教科书中的图解式，完全是“手把手”的教法，这也是现在很多人教学宋代点茶的蓝本，赵佶因而也俨然成了“宋点”的祖师。徽宗爱茶身体力行，曾在延福宫等处大设茶宴，天子亲自操瓿，注汤击拂。茶盏中白乳轻浮，如疏星淡月，众臣称妙。这已然是纯粹的玩茶游戏了。

《文会图》，今藏台北故宫博物院，绢本，设色，纵184.4厘米,宽123.9厘米。欣赏者常常将此画与《大观茶论》互为注脚。宋徽宗传世的画作不少，但反映茶饮的并不多。此画描绘了一场盛大的文人聚会，优美的庭院里，山石杨柳、朱栏翠竹，交相辉映，文人雅士会集于此，饮酒、品茶，赋诗、畅谈，人物姿态生动有致。《文会图》在茶界被认为是一幅文人“品茶图”，而在有的专家眼里则是一幅文人“品酒图”。有图在，不妨“看图说话”，客观而论，《文会图》应是一幅君臣“茶酒共饮图”。

赵佶《大观茶论》有专条论及茶器，“盏色贵青黑，玉毫条达者为上，取其焕发茶采色也”；“茶筅以箸竹老者为之，身欲厚重，筅欲疏劲，本欲壮而末必眇，当如剑脊之状”；“瓶宜金银，小大之制，惟所裁给”；“勺之大小，当以可受一盏茶为量”。文中所说的这些器具，在《文会图》中能看到的只有

北宋　赵佶《文会图》（局部）　台北故宫博物院藏

“瓶”和“勺”，并未见青黑色的“盏”。在此画中，所有的盏，均是浅色，可能是青瓷或白瓷，明显不是如《大观茶论》所述的建盏。但有意思的是，托的色彩则有深浅两种。在大桌上已放置入座的盏与托均为浅色，而在操作区域正等待上奉的，却是浅色盏、深色托。估计是用不同色彩的托，来区别两种不同的饮品。此外，我们似乎也没有看到击打泡沫的标准器“茶筅”。因此，将此画与《大观茶论》的文字相对比，我们有理由说，至少图中所反映的，不是典型意义上的为斗茶而作的“点茶”。根据画面中用勺从小口瓶中舀茶分汤的动作来看，《文会图》似为描述大规模茶会中的简易点茶或烹茶之法，从一个侧面，有意无意间为我们展示了宋代文人茶会中的新场景。我们说此画具有很高的艺术欣赏和史料参考价值，除了表现宋代宫廷茶事之外，在技术层面上也丰富了我们对宋代点茶方式多样性的认知。

如果这也附名于“斗茶”的话，那么这“斗”的是烹点技艺（包括用水、用器等因素），正如宋人唐庚的《斗茶记》中说的，实是“斗水”。比试的胜败并不牵涉到茶的贡与不贡和卖价的高低，而仅仅是一场游戏，是文人的消遣罢了。

由实用到艺术的性质转换，继而再进一步使茶汤幻化图案或字迹，以自娱娱人，这种活动在宋代被称为“汤戏”或“分茶”“茶百戏”。从茶汤的点注手法来看，“分茶”与“斗茶”是十分相似的，并且，两者之间有相互影响的关系；从目的来看，“分茶”“斗茶”却是迥然不同。宋陶谷《清异录》中记载：

汤戏。馔茶而幻出物象于汤面者，茶匠通神之艺也。沙门福全，生于金乡，长于茶海，能注汤幻茶成一句诗，并点四瓯，共一绝句，泛乎汤表。小小物类，唾手办耳。檀越日造门求观汤戏，全自咏曰：“生成盏里水丹青，巧画工夫学不成。却笑当时陆鸿渐，煎茶赢得好名声。”

茶至唐始盛，近世有下汤运匕，别施妙诀，使汤纹水脉成物象者，禽兽虫鱼花草之属，纤巧如画。但须臾即就散灭，此茶之变也。时人谓之“茶百戏”。

这段记述中的信息量很大，“汤戏”是“茶匠通神之艺”，说明平常点茶也是与此相同的方法。所谓“通神”是与“不通神”相对的，是一种高级的烹点艺术，有熟能生巧的特点。茶汤汤面的图案很丰富，也很抽象，而且存在时间很短，汤纹水脉，不停地旋转，如夏云般变幻，因而茶碗中可以出现种种物象。玩茶的人可以根据物象打出一句诗来。如果茶盏有四，能成一首绝句，技术再好一点，一字排开八大碗，弄出一首律诗来也不是没有可能的。

宋人玩“茶百戏”的不少，大多为诗人或僧人。杨万里有一首《澹庵坐上观显上人分茶》诗，可与《清异录》中的内容同观：

分茶何似煎茶好，煎茶不似分茶巧。
蒸水老禅弄泉水，龙兴元春新玉爪。
二者相遭兔瓯面，怪怪奇奇真善幻。
纷如擘絮行太空，影落寒江能万变。
银瓶首下仍尻高，注汤作字势嫖姚。
不须更师屋漏法，只问此瓶当响答。

紫微仙人乌角巾，唤我起看清风生。

京尘满袖思一洗，病眼生花得再明。

汉鼎难调要公理，策勋茗碗非公事。

不如回施与寒儒，归续茶经传衲子。

现在人多认为“分茶”这种技艺已失传而不可复见，其实，根据《清异录》等有关资料，是完全可以再现这一“绝技”的。关键是面对“怪怪奇奇真善幻”的汤面，你能否在有限的时间里赋出一首或一句绝妙好诗来，将这种抽象的艺术之美表达出来，传达于人，从而引起同观者的共鸣。福全和尚所说的“巧画工夫学不成”，说的就是这种难度。陆游曾对他的儿子说，你如要学作诗，“功夫在诗外”。移到这里来称“分茶”艺术的创作，也是恰如其分的。

当然，有的时候，独自一人聊以排遣胸中的郁结，也并非定要煞费苦心地幻化出些诗文画面来，心绪随着“碧云”悠悠飘荡也是一种极好的享受。陆放翁有诗曰：“矮纸斜行闲作草，晴窗细乳戏分茶。”这就是他的“分茶”排忧之法。

中国第一部茶具图谱的文化意义

中国第一部茶具图谱《茶具图赞》出现于南宋，它是中国茶文化园中的一朵奇葩。

《茶具图赞》的作者是审安老人，其真实姓名不详。根据落款“咸淳己巳五月夏至后五日审安老人书”可知，此“图赞”作于南宋咸淳五年（1269）。该书共有图十二幅，包括碾槽、石磨、罗筛等，都是宋时饮团饼茶所用之物。该图谱的版本历来有近十种。

明人茅一相、朱存理曾为明代重刊的《茶具图赞》作序。茅序曰：

> 余性不能饮酒，间有客对春苑之葩，泛秋湖之月，则客未尝不饮，饮未尝不醉。予顾而乐之，一染指，颜且酡矣，两眸子懵懵然矣。而独耽味于茗，清泉白石，可以濯五脏之污，可以澄心气之哲，服之不已，觉两腋习习，清风自生。视客之沉酣酩酊，久而忘倦，庶亦可

以相当之。嗟呼，吾读《醉乡记》，未尝不神游焉，而间与陆鸿渐、蔡君谟上下其议，则又爽然自释矣。乃书此以博十二先生一鼓掌云。庚辰秋七月既望，花溪里芝园主人茅一相撰并书。

茅序中真正涉及“图赞”的内容不多，相比之下，朱序要精彩一些。

饮之用，必先茶，而茶不见于《禹贡》，盖全民用而不为利。后世榷茶立为制，非古圣意也。陆鸿渐著《茶经》，蔡君谟著《茶谱（录）》，孟谏议寄卢玉川三百月团，后侈至龙凤之饰，责当备于君谟。制茶必有其具，锡具姓而系名，宠以爵，加以号，季宋之弥文。然清逸高远，上通王公，下逮林野，亦雅道也。赞法迁、固，经世康国，斯焉攸寓，乃所愿。与十二先生周旋，尝山泉极品以终身，此闲富贵也，天岂靳乎哉？野航道人长洲朱存理题。

《茶具图赞》所画十二种茶具，以传统的白描方法为之，一画一咏，简洁而传神。内容有竹炉、茶臼（带椎）、茶碾、茶磨、茶勺、茶筛、拂末、茶托、茶盏、汤瓶、茶筅、茶巾。审安老人并未直白这些茶具的名称，而是按宋时官制冠以职称，赐以名号，生动形象地描述了十二种茶具的材质、形制、作用等，并在“赞”中将诸茶具的文化意义作了进一步的阐发。

现将十二茶具及“赞”分述如次。

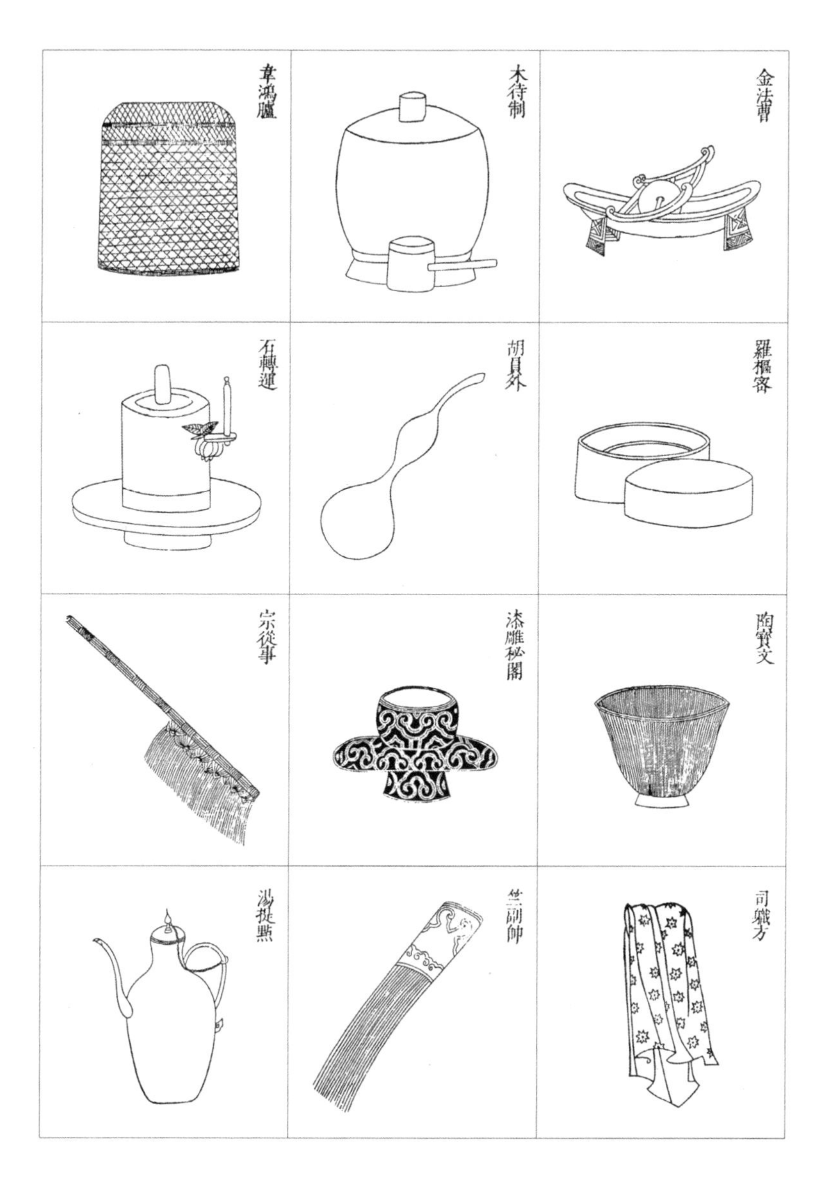

宋　审安老人　《茶具图赞》中所附十二种茶具图

韦鸿胪，名文鼎，字景旸，号四窗闲叟。赞曰：

祝融司夏，万物焦烁，火炎昆岗，玉石俱焚，尔无与焉。乃若不使山谷之英堕于涂炭，子与有力矣，上卿之号颇著微称。

其姓“韦”，表示由坚韧的材料如竹青等制成。“鸿胪”为机构名，掌朝祭礼仪之赞导，始于汉代。“胪”谐“炉”音。“文鼎”和“景旸”已道明为茶炉，而“四窗闲叟”则表明了茶炉的形制，开有四个窗。此源于唐代陆羽《茶经·四之器》所记：“风炉……其三足之间设三窗；底一窗，以为通飚漏烬之所。”其赞以火神祝融为对象，语含祈祷之意。

五代　邢窑白釉风炉、茶釜
河北省唐县出土

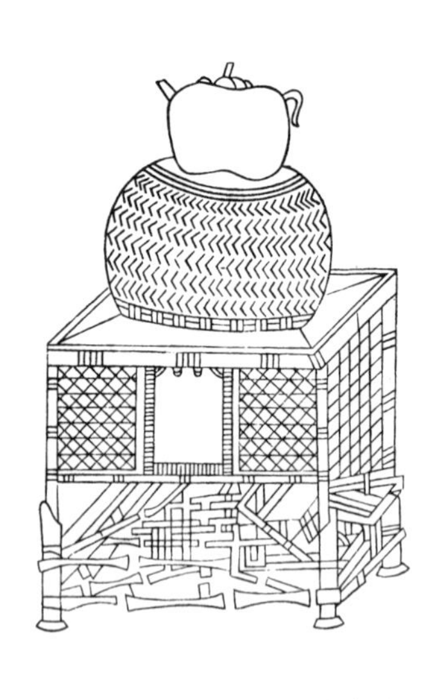

明　顾元庆《茶谱·苦节君》
“苦节君”为明煮茶竹炉

明　丁云鹏《煮茶图》（局部）　无锡博物院藏

画中茶炉为明代竹炉形制

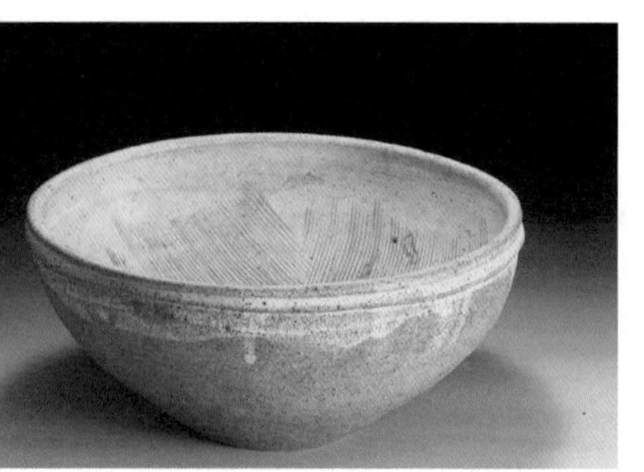

左图：宋　白釉瓷茶臼；右图：宋　白釉瓷茶臼　（均收藏于中国茶叶博物馆）

宋　龙泉窑青釉瓷研棒
中国茶叶博物馆藏

木待制，名利济，字忘机，号隔竹居人。赞曰：

上应列宿，万民以济。禀性刚直，摧折强梗，使随方逐圆之徒，不能保其身。善则善矣，然非佐以法曹、资之枢密，亦莫能成厥功。

其姓“木”，表示为木质。“待制”为官职名，始于唐，为轮番值日、以备顾问之意。此处借喻茶臼的职能。赞中特别强调了茶臼的作用是“摧折强梗”，并提出要“佐以法曹、资之枢密”，说明茶臼还须与碾、罗配合使用，以示茶臼捣茶是最粗的一道粉碎工序。

金法曹，名研古、轹古，字无锴、仲铿，号雍之旧民、和琴先生。赞曰：

柔亦不茹，刚亦不吐，圆机运用，一皆有法，使强梗者不得殊轨乱辙，岂不韪欤？

其姓“金”，表示由金属所制。“法曹”是唐宋时的地方司法机关，赞中借其职能以喻茶碾的作用，非常形象。

辽 《进茶图》碾茶局部
河北宣化下八里辽墓壁画

南宋 《五百罗汉图》碾茶局部
日本京都大德寺藏

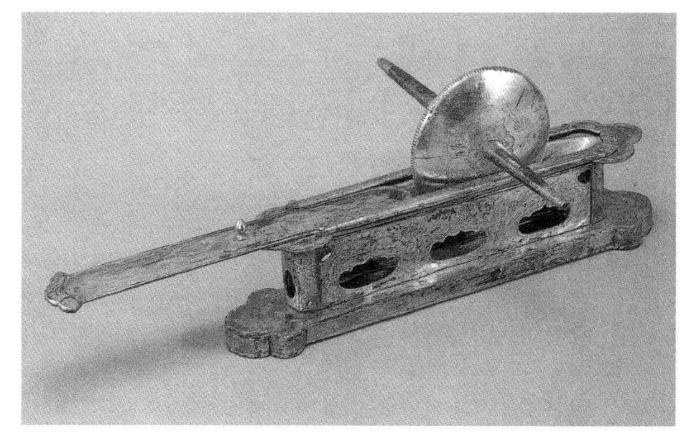

唐 鎏金壶门座茶碾
法门寺地宫出土

石转运，名凿齿，字遄行，号香屋隐君。赞曰：

抱坚质，怀直心，啖嚅英华，周行不怠。斡摘山之利，操漕权之重，循环自常，不舍正而适他，虽没齿无怨言。

其姓“石”，表示茶磨为石质，其名、字、号分别表示其形制、运作等特征。“转运”就是运输的意思，唐宋有“转运使”一职，茶磨的动作恰与“转运使”的工作十分相似，以之比喻茶磨的吞吐运转之责，很是形象。

南宋　刘松年《撵茶图》（局部）　此为宋代磨茶最直观形象的注脚

宋元时期石茶磨（韩国新安沉船考古出水）
其形制与《撵茶图》中所绘如出一辙

胡员外，名惟一，字宗许，号贮月仙翁。赞曰：

周旋中规而不逾其间，动静有常而性苦其卓。郁结之患悉能破之，虽中无所有而外能研究，其精微不足以望圆机之士。

其姓“胡”，谐“葫”音，意指为葫芦制成。“员外”即官制“员外郎”之简称，也有“外圆”的含义，表示此器的形制特征。“胡员外”就是陆羽《茶经》中所记的瓢。苏轼有诗曰：“大瓢贮月归春瓮，小勺分江入夜瓶。”所以，“胡员外”有“贮月仙翁”之号。从赞语来看，除了舀茶水之外，它还可以临时用来研茶，但由于葫芦之壁较薄，有破碎之虞，不能重压，因而用其碾压茶叶可能有“精微不足”的缺点，在这种情况下，便要用到“圆机之士”（茶碾）了。

罗枢密，名若药，字傅师，号思隐寮长。赞曰：

> 几事不密则害成，今高者抑之，下者扬之，使精粗不致于混淆，人其难诸。奈何矜细行而事喧哗，惜之。

其姓“罗”，表示筛网主要为罗绢敷成，也即《茶经》所谓的“罗合”。“枢密”也是官名，唐代所置。“枢密”谐“疏密”之音，“几事不密则害成”，语涉双关。“矜细行而事喧哗”即指筛茶时的声音很响，其中或也寓言外之意。

宗从事，名子弗，字不遗，号扫云溪友。赞曰：

> 孔门高弟，当洒扫应对事之末者，亦所不弃，又况能萃其既散，拾其已遗，运寸毫而使边尘不飞，功亦善哉。

其姓“宗”，即“棕”之谐音，茶帚为棕丝所制。“从事”是官名，汉置宋废，实为州郡长官的僚属，专事琐碎杂务。其名“子弗”，“子”为美称，“弗”谐“拂”；字“不遗”是谓职责；其号“扫云”即“拂茶”的意思，古代茶色尚白，故多喻之以“云”。

唐　鎏金壶门座银茶罗
法门寺地宫出土
罗分内外两层，中夹罗网，用以筛茶；
屉有拉手，便于取茶

北宋　《备茶图》
河南登封黑山沟李守贵墓壁画
画面左侧一仕女，右手执茶末罐，左手持茶匙，正从茶末罐内舀茶末入茶盏，准备点茶漆雕秘阁，名承之，字易持，号古台老人。赞曰：

危而不持，颠而不扶，则吾斯之未能信。以其弭执热之患，无坳堂之覆，故宜辅以宝文，而亲近君子。

复姓“漆雕”，似形容其外在之美，“秘阁”原指君主藏书之所，宋代有“直秘阁”一官职。该器当为盏托，从名“承之”、字“易持”，可知其功用。号“古台”，则是其外形的写照。“宜辅以宝文，而亲近君子”，字面上描写了“秘阁”之职，而实质上是描述用茶托承持茶盏以飨茶客的方法。这种盏托在浙江绍兴等地出土的越窑茶具中已可证实，其形制与赞所述极为一致。

唐　青瓷盏托
中国茶叶博物馆藏

唐　白釉金釦云龙把杯
临安文物管理会藏

五代　青瓷莲花纹盏托
上虞文物管理所藏

宋　黑釉建盏
中国茶叶博物馆藏

宋　建窑兔毫盏
浙江省博物馆藏

陶宝文，名去越，字自厚，号兔园上客。赞曰：

出河滨而无苦窳，经纬之象，刚柔之理，炳其弸中，虚己待物，不饰外貌，位高秘阁，宜无愧焉。

其姓“陶”，即指其材质为陶瓷之类。“宝文”之“文”通“纹”，因器身有纹，故名。由其名“去越”、字“自厚”及号“兔园上客”来看，此为典型的建窑制品，即宋代著名的“兔毫盏”。“出河滨而无苦窳”之“苦窳”为粗劣之义。意即外观虽显朴拙，却不粗劣，简朴中见经纬之象，显刚柔之理。所以居于盏托（秘阁）之上可以毫无愧色，传达了质朴之美胜于刻意雕琢的审美思想。

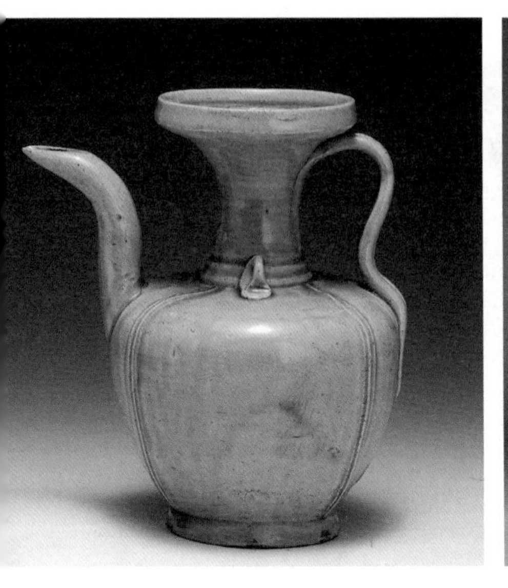
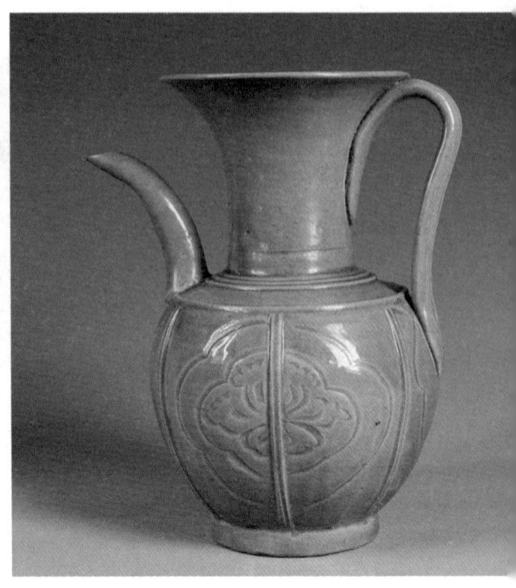

左图：北宋　龙泉窑青釉瓷汤瓶　浙江省博物馆藏
右图：北宋　越窑青釉瓷汤瓶　浙江省博物馆藏

汤提点，名发新，字一鸣，号温谷遗老。赞曰：

养浩然之气，发沸腾之声，以执中之能，辅成汤之德，斟酌宾主间，功迈仲叔圉。然未免外烁之忧，复有内热之患，奈何？

其姓“汤”，即指“热水”。“提点”为官名，含“提举点检”之义，此处借以明汤瓶可提而点茶。所谓“发新”，即是显茶色；“一鸣”，形容出水之声。赞中最后一句，“然未免外烁之忧，复有内热之患，奈何？”这种“忧患”意识，在当时的历史背景下，所指恐已在汤瓶之外。

南宋　刘松年　《撵茶图》局部
侍者正右手持茶瓶注汤

北宋　赵佶　《文会图》局部
茶炉炉火正炽，内置茶瓶二

金　《点茶图》局部
北京石景山赵励墓壁画
左侧侍者正持茶瓶向茶盏注水

辽　《点茶图》局部
河北宣化下八里辽墓壁画
右侧侍者正手持茶瓶注汤

日本京都大德寺藏南宋《五百罗汉图》（局部）
图中可见，仆人一手执茶筅，一手执壶，正在点茶

竺副帅，名善调，字希点，号雪涛公子。赞曰：

首阳饿夫，毅谏于兵沸之时，方金鼎扬汤，能探其沸者几稀。子之清节，独以身试，非临难不顾者畴见尔。

其姓“竺”，指茶筅用竹制成。其字“希点”，指明为“汤提点”服务；“雪涛”，比喻经茶筅调拂的茶汤沫饽。赞对茶筅的评价甚高，一个临危不惧、赴汤蹈火的勇士在审安老人笔下卓然而现。

司职方，名成式，字如素，号洁斋居士。赞曰：

> 互乡之子，圣人犹且与其进，况端方质素，经纬有理，终身涅而不缁者，此孔子之所以与洁也。

宋 《涤茶器》画像砖拓片
侍女正用茶巾清洗茶具

其姓“司”，谐音“丝”，谓其质地属丝织物。“职方”亦官品，《周礼·夏官》所属有“职方氏”，掌天下地图与四方职贡。此处言其为丝织方形物，故有“成式”之名、“如素”之字。其号“洁斋居士”，意为清洁用具，所以“司职方”当为茶巾。赞中借《论语·阳货》中的一段语意，以孔子待人宽宏，不咎既往而掘发其本质之真善美的思想，说明茶巾“端方质素”，虽经常受污染，但其素洁的本质特征却不会改变。

审安老人的《茶具图赞》著述形式新颖，绘画技法精良，此其艺之一也；对茶具的形象命名、拟人状物十分贴切，此其艺之二也；赞语用典准确，文辞质朴而寓意深刻，表现出很高的文学价值和深刻的文化意蕴，此其艺之三也。

《斗茶图》和赵孟頫《茶榜》

赵孟頫，字子昂，号松雪道人、水晶宫道人等，吴兴（今浙江湖州）人。赵孟頫的书画成就很高，在元代的茶事艺文中，赵孟頫的作品数量不多，却有着不可忽视的文化意义。

以“斗茶”为题的绘画作品，较早的可以上溯到传为唐代阎立本的《斗茶图》，到了宋代，又有刘松年的《斗茶图》《茗园赌市图》，宋元之交有钱选《品茶图》等。相传为赵孟頫所作的《斗茶图》，不仅是元代极少数此类题材绘画中的一件，同时也是“斗茶”题材画中的“绝响”，因为明代以后，我们再也没有见过类似“斗茶图”的创作了，不仅是绘画，就连诗词中也近乎绝迹。

元代的茶叶品饮，正处于一个新老交替的时期，反映在艺文作品中也是如此。无论这幅《斗茶图》的作者是否为赵孟頫，将图中内容视为对宋代生活的一种留恋和回忆也未尝不可。

此画工笔设色，所画茶人四位，两人一组，左右对立。年纪较大的两位应为对垒的“主战手”，各自身后的年轻人大约是“侍泡”或徒弟一类的人物。先看图中左面一组，年轻者执壶注

元　赵孟頫（传）《斗茶图》

茶，姿态优美；年长者，左手持杯，右手拎炭炉，昂首挺胸，似乎已是胜券在握。右边一组，其长者左手持已尽之杯，右手将最后一杯茶品尽，并向杯底嗅香，好像要从中闻出一种他所期望的香气来；而年轻人却注视着对手，似乎在说："急什么，到底谁胜谁负还不知道呢。"

此幅《斗茶图》从人物、衣饰、道具等来看，是较多地吸取了刘松年的《茗园赌市图》的形式，但是，较之于刘氏之作，其最大的特色在于传神，图中两组人物动静结合，栩栩如生。人物与器具的线条均相当细腻而洁净，表现出娴熟的绘画技巧。

赵孟頫是个博学多才的人物，其书画双绝，享有盛名，在我国艺术发展史上占有重要地位，同时，他也是元初有名的文学家，所作诗歌、散文，流转圆润，清俊有致。

赵孟頫的咏茶诗文几乎为现在的茶文化研究者所忽视，而赵氏的"茶兴"却正流露于此。兹选几则作一欣赏：

高侯远来肯顾我，裹茗抱被来同眠。

——《送高仁卿还湖州》

道出了茶可用来交友。

夜深万籁寂无闻，晓看平阶展素茵。

茗碗纵寒终有韵，梅花虽冷自知春。

——《三日后再雪德昌复枉骑马过既而复和前篇见赠辄亦次韵》

一语道明茶是清贫者的忠实伴侣。

庭槐风静绿阴多，睡起茶余日影过。

自笑老来无复梦，闲看行蚁上南柯。

——《即事二首之一》

有了茶饮，更添了一份闲适之情。

南朝古寺惠山前，裹茗来寻第二泉。

贪恋君恩当北去，野花啼鸟漫留连。

——《留题惠山》

普普通通的茶也可寄托自己的一份思恋。

我尝游惠山，泉味胜牛乳。

梦想寒月泉，携茶就泉煮。

——《天冠山题咏二十八首·寒月泉》

以香茶试清泉，别有一番滋味。

赵孟频是个佛教徒，其《请谦讲主茶榜》既是一篇佛教作品，也是茶文化史上的一篇“绝妙好辞”。“茶榜”是佛教作品中“疏”的一种，“疏”是僧道拜忏时所焚化的祝告文。

《请谦讲主茶榜》全文如下：

雷振春山，摘金芽于谷雨；云凝建碗，听石鼎之松风。请陈斗品之奇功，用作斋余之清供。恭唯心如止水，辩若悬河。天雨宝花，法润普沾于众渴；地生灵

> 草，清香大启于群蒙。性相本自圆融，甘苦初无差别。雪山牛乳，分一滴之醍醐；北苑龙团，破大千之梦幻。舌头知味，鼻观通神，大众和南，请师点化。

在文中，茶叶俨然是佛恩的化身，能润众渴、启群蒙、破梦幻。其中，“性相本自圆融，甘苦初无差别”两句，直指茶禅相通之关节。可以说，赵孟頫的《请谦讲主茶榜》是最明确、最深刻地论述“茶禅一味”的美文，惜一直未被人们留意。

赵孟頫的书法艺术成就远甚于诗文、绘画。赵孟頫曾为禅师

明　仇英《赵孟頫写经换茶图》　美国克利夫兰艺术博物馆藏
此卷绘赵孟頫为中峰明本禅师写经以换茶的故事

中峰明本书苏轼《次韵僧潜见赠》一卷，其中有句：

我欲仙山掇瑶草，倾筐坐叹何时盈。
簿书鞭扑昼填委，煮茗烧栗宜宵征。
乞取摩尼照浊水，共看落月金盆倾。

观其心境，或也可为读《茶榜》之佐。

元代“茶图”录要

元代以茶为主题的绘画作品不少，而且所表现的旨趣也大致相似，反映出身处民族矛盾冲突中的士大夫、艺术家们的一种归隐心态，也可以看出茶饮在文人社会生活中的地位和文化内涵。现将见诸著录的作品简要作一介绍。

钱选《卢仝煮茶图》

钱选，字舜举，号玉潭，又号巽峰，吴兴（今浙江湖州）人。宋亡后，钱选隐居不仕，与同乡赵孟頫等有“吴兴八俊”之称。后来，赵孟頫应召仕元，而钱选则依然隐居于乡间，以吟诗作画终其一生。大概是身世与卢仝有相似之处，故其以“卢仝煮茶”为题材入画，流露出钱选的一种隐逸思想。

《卢仝煮茶图》藏于台北故宫博物院，纵128.7厘米，横37.3厘米，纸本，设色，钤白文印“舜举”。《石渠宝笈续编·重华宫藏》著录。图中卢仝身着白色衣衫，坐于山冈平石之上，蕉林、太湖石旁有仆人烹茶。卢仝身边伫立者当为孟谏议所遣送茶之人。主人、仆人、差人三者同现于画面，三人的目光都投向茶炉，表现了卢仝得到阳羡茶迫不及待、急于烹饮的喜悦心情，同时又将孟谏议赠茶、卢仝饮茶过程完整地描绘了出来。画面主题突出，人物生动形象，惟妙惟肖，给观者留下了很大的想象空间。

《卢仝煮茶图》是以卢仝茶诗《走笔谢孟谏议寄新茶》内容入题的。卢仝的茶诗，在描述饮茶各种感受的同时，表现了一种向往“仙境”、向往太平世界，以求脱尽人间尘俗和炎凉世态的美好情感，极其明显地表露出“出世”之意。但是，诗歌中所发出的对现实世界的感叹，又将这种“意欲”拉回到了现实生活，反映了卢仝“出世”与“入世”的矛盾心理。

元　钱选《卢仝烹茶图》
台北故宫博物院藏

当理想实现不了，无法担负起“救苍生平天下”的重任，又看不惯人世间的诸多丑恶现象，卢仝便遁世隐居，以洁身自好来作无声的反抗。卢仝茶诗之所以能引起元代画家们的共鸣，主要也是由于这一层文化因素。

钱选的《卢仝煮茶图》突出了这种“出世”思想，将“入世”的成分加以最大限度地淡化，浓墨重彩似乎都融入了闲逸的心境中。但是，在赏心悦目的画面中又蕴藏着那么丰富而炽烈的情感，回旋着激荡昂扬的弦外之音。

钱选还曾作过一幅《陶学士雪夜煮茶图》，描述了陶谷的一桩轶事。“陶谷得党太尉家姬。遇雪，取雪水烹茶。谓姬曰：‘党家儿识此味否？’姬曰：‘彼粗人，安知此？但能于销金帐中浅斟低唱，饮羊羔儿酒尔。’陶默然。”

此图著录于《历代鉴藏》卷九。据载，当时该画藏于焦山道士郭第家中，纸本，设色及笔法均类唐人。

赵原《陆羽烹茶图》

赵原，一作赵元，字善长，号丹林，山东人，寓居姑苏（今江苏苏州），其山水师法五代董源。

《陆羽烹茶图》现藏台北故宫博物院。清人安岐《墨缘汇观》卷四著录：

> 赵原《陆羽烹茶图》，淡牙色纸本，高七寸九分，长二尺二寸八分，淡着色。园亭山水，图作茂林茅舍，一轩宏敞，堂上一人，按膝而坐，旁有童子，拥炉烹

茶。树石皴法，各具苍润。虽仿叔明，笔法过觉荒率。画前上首押“赵”字朱文方印，题“陆羽烹茶图”五字。后款“赵丹林”，下押“赵善长”白文印，上角有“□翠轩”朱文长印，下角押“子孙永保”白文印。卷有项墨林以及李肇亨、张洽诸印。画上有七律一首，款“窥斑”，又无名人题七绝一首。

该图所画陆羽，峨冠博带，袒腹倚坐榻上，正待童子烹茗以饮，意境相当清幽。

款印“赵善长”应为朱白相间方印（“赵”字朱文，“善长”为白文），左上角朱文长方印印文当为“晚翠轩”三字。

画面上题有“窥斑”所作七律一首：

睡起山垒渴思长，呼童剪茗涤枯肠。
软尘落碾龙团绿，活水翻铛蟹眼黄。
耳底雷鸣轻着韵，鼻端风过细闻香。
一瓯洗得双瞳豁，饱玩苕溪云水乡。

从书写笔法来看，那首“无名人”所题的七绝似为赵原自题，诗曰：

山中茅屋是谁家，兀坐闲吟到日斜。
俗客不来山鸟散，呼童汲水煮新茶。

该图卷首的“陆羽烹茶图”也为赵原自题。

此图入清内府后，乾隆皇帝也曾御笔题诗于画端，诗云：

古弁先生茅屋闲，课僮煮茗霅云间。
前溪不教浮烟艇，衡泌栖径绝住远。

由以上的几首诗来看，此图是陆羽隐居浙江苕溪时的一种闲适生活的写照。其中“软尘落碾龙团绿”句中的“龙团”一名是宋代才开始有的，唐代陆羽时，尚未见称饼茶为“龙团”者，这

元　赵原　《陆羽烹茶图》　台北故宫博物院藏

也反映出作者是借题发挥，以抒胸中之情，并不为画的内容（即陆羽烹茶之事）所囿。

胡廷晖《松下烹茶图》

胡廷晖生卒年不详，与赵孟頫同时代人，亦为吴兴人氏，工山水，兼善人物，得赵孟頫褒扬而“名实俱进”。

该图著录于清人姚际恒《好古堂画记》卷下，“又高幅杂画一册”，“一为胡廷晖《松下烹茶图》，仇英所取法也”。

元　王蒙　《春山读书图》
上海博物馆藏

王蒙《春山读书图》

王蒙，字叔明，号黄鹤山樵或黄鹤樵者，又自号香光居士，为赵孟頫的外孙，吴兴人，与黄公望、吴镇、倪瓒并称“元四家”。其山水画深受赵孟頫影响，后师法董源、巨然，并集诸家之长，作品以繁密见胜，重峦叠嶂，长松茂树，气势充沛，变化多端。

《春山读书图》绘高山松林下隐士生活。崇山峻岭，巍峨挺拔；山脚下古松参天，林中茅屋数椽，临溪而建；堂中人物正伏案读书，水阁中，有人正倚栏远眺：一派春光淡怡之景。

画上王蒙自题七律二首：

阳坡草软鹿麋驯，抱犊微吟碧涧滨。
曾采茯苓惊木客，为寻芝草识仙人。
白云茅屋人家晓，流水桃花古洞春。
数卷南华浑忘却，万株松下一闲身。

春尽登山四望赊，碧芜流水绕天涯。
松云瀑响猿公树，萝雨烟深谷士家。
露肘岩前捣苍术，科头林下煮新茶。
紫芝满地无心采，看遍山南山北花。

落款为“黄鹤峰下樵叟王子蒙画诗书”行书一行。此作现收藏于上海博物馆。

王蒙另有《松荫茗话图》，著录于《古缘萃录》卷二。

元　王蒙　《春山读书图》（局部）

倪瓒《龙门茶屋图》《安处斋图卷》

倪瓒，字元镇，号云林子、荆蛮民、幻霞子、曲全叟、净名居士等，江苏无锡人。

《龙门茶屋图》著录于《松壶画赞》卷上，据其作者钱杜记载，“曩在陈望之中丞处，见倪元镇、王叔明各有一帧，皆极淋漓酣适之致，观者如入龙藏中斗奇宝也。”

倪瓒有题画诗云：

龙门秋月影，茶屋白云泉。
不与世人赏，瑶草自年年。
上有天池水，松风舞沦涟。
何当蹑飞凫，去采池中莲。

《安处斋图卷》，《墨缘汇观》卷四著录。此作现藏台北故宫博物院，纸本，水墨，纵25.4厘米，横71.6厘米。画面仅为水滨土坡，两间陋屋一现一隐，旁植矮树四株，远山淡然，水波不兴，一派简朴安静的气氛。

倪瓒的题诗表达了作品的主题：

湖上斋居处士家，淡烟疏柳望中赊。
安时为善年年乐，处顺谋身事事佳。
竹叶夜香缸面酒，菊苗春点磨头茶。
幽栖不作红尘客，遮莫寒江卷浪花。

乾隆皇帝御览之后，雅兴驱笔，也题诗一首，更加清楚地点出了画意：

> 是谁肥遁隐君家，家对湖山引兴赊。
> 名取仲舒真可法，图成懒瓒亦云嘉。
> 高眠不入客星梦，消渴常分谷雨茶。
> 致我闲情频展玩，围炉听雪剪灯花。

元　倪瓒　《安处斋图卷》　台北故宫博物院藏

由此二诗，我们已经不难想见那位屋中高士围炉点茶、乐在其中的悠闲之态。

倪瓒的这幅画虽非以茶为主题，却饱含着茶的意味，浓缩了那个时代所特有的文化内涵。该作品与赵原的《陆羽烹茶图》并观，二者有隐现、静动、简繁之别，但其旨趣则是一致的。

颜辉《煮茶图》

颜辉，字秋月，生卒年不详，浙江江山人。他的人物画用笔甚健，有“八面生意”的美誉。

其《煮茶图》著录于《石渠宝笈续编》，图为宋笺本，纵32.3厘米，横61.3厘米，所描绘的内容为白描韩愈《寄卢仝》诗意。画作未落款，但有“颜辉之印”“秋月”两方钤印。后幅有颜辉行书韩愈的诗。诗末款曰：“迩来阴湿，手腕作痛，不能为书。而漫峰特揭此篇，命予录之，强勉执笔。秋月识。”

“吴门四家”丹青品茶

明代嘉靖前后，苏州已成人文荟萃之地。当时，“吴门画派”的重要人物沈周、文徵明、唐寅、仇英号称“吴门四家”，其画作享誉江南，在中国美术史上具有相当的影响。

“吴门四家”各自的画风虽然有所差异，但对茶事题材的创作却都是乐此不疲，并各有佳作。

沈周，长洲（今江苏苏州）人，字启南，号石田，晚号白石翁，所以人称“白石先生”。沈周是“吴门画派”的创始人，他的绘画在元明以来文人画中有承前启后的作用。根据有关史料记载，他曾创作有《火龙烹茶》（《诸家藏画簿》卷七）、《会茗图》（《自怡悦斋书画录》卷二）等以品茶为内容的作品。

仇英，字实父，号十洲，江苏太仓人，后来移居苏州。他擅长人物、山水、花鸟和楼阁界画，作品以工笔重彩为主。他的茶事绘画见诸著录的，主要有《烹茶洗砚图》（《眼福编初集》卷十一）、《试茶图》（《梦园书画录》卷十）、《松间煮茗图》（《爱日吟序书画录》卷四）、《陆羽烹茶图》（《十百斋书画

录》卷十三）等。

唐寅，字子畏，一字伯虎，号六如居士，吴县（今江苏苏州）人。其山水画大多表现险峻雄伟的大山、楼阁溪桥及四时胜景，也有描写文人逸士悠闲生活的作品。唐寅以茶为题的作品有《卢仝煎茶图》（《唐伯虎全集》卷三）、《煎茶图》（《内务部古物陈列所书画目录》卷六）、《事茗图》（《石渠宝笈初编》卷十五），以及《煮茶图》和《斗茶图》（《石渠宝笈》卷十五、卷三十四）等。

唐寅的茶画中，以《事茗图》最享盛誉。此画现藏故宫博物院，素笺本著色。画中有自题诗款曰：“日长何所事，茗碗自赍持。料得南窗下，清风满鬓丝。”下押“唐居士”印。图前有文徵明隶书“事茗”二字。图前右上角“乾隆御赏之宝”方印一枚，其

明　唐寅《事茗图》　故宫博物院藏

后是乾隆帝御笔题记："记得惠山精舍里，竹炉瀹茗绿杯持。解元文笔闲相仿，消渴何劳玉虎丝。甲戌闰四月雨余，几暇偶展此卷，因摹其意，即用卷中原韵题之，并书于此。御笔。"

作品主要反映了明代文人的山居生活。画面左侧有巨石山崖，后设茅屋数间于双松之下，远处为群山屏列，瀑布飞泉，潺潺流水由远及近，绕屋而行。溪桥上有一老者携童子前来。茅屋中有一伏案读书之士，旁设壶盏，隔间里屋有童子烹茶。图中人物动静相宜，画面层次分明，意境幽娴，诗画相称，表现了文人雅士借瀹茗追求闲适隐归生活的情致，流露出唐寅遁迹山林的志趣。

在"吴门四家"中，文徵明对茶饮的精通及喜爱最为突出，因而他的作品"茶味"最浓。

文徵明，初名璧，以字行，后又改字徵仲，长洲（今江苏苏州）人，其祖籍在衡山，故号衡山居士。文徵明的绘画，山水、人物、花卉无一不精。同时，他一生钻研画理，努力实践，声誉卓著，是继沈周之后“吴门画派”的领袖。文徵明爱好茶事，对有关书籍、饮法深研不息。如《龙茶录考》，就是研究宋人蔡襄《茶录》的一篇著名考证文章，对《茶录》的书法艺术、版本、写作时间、收藏诸情况作了详细的考述。煮泉论茗则是他平时生活不可或缺的内容。他对品茶之水也极讲究，《六研斋二笔》上曾记述着这样一件事：“文衡山先生诗，有极似陆放翁者。如《煮茶》句云：‘竹符调水沙泉活，瓦鼎烧松翠鬣香。’吴中诸公，遣力往宝云取泉，恐其近取他水以欺，乃先以竹作筹子付山僧，候力至随水运出，以为质。此未经人道者，衡老拈得，可补茗社故实。”

文徵明的茶事绘画作品很多，见诸记载的主要有《惠山茶会图》（《过云楼》）、《乔林煮茗图》（《石渠宝笈》卷

明　文徵明《林榭煎茶图》　天津博物馆藏

三十八）、《品茶图》（《故宫日历》）、《茶事图》（《石渠宝笈续编》）、《试茶录》（《梦园书画录》）、《松下品茗图》（《梦园书画录》《左庵一得初探》）、《煮茶图》（《南斋集》）、《林榭煎茶图》（《石渠宝笈续编》）等。其中最著名的是《惠山茶会图》。

《惠山茶会图》现藏故宫博物院，纸本，设色，纵21.8厘米，横67.5厘米，无款，有"文徵明印""悟言室印"钤于左下角。图中内容是写正德十三年（1518）二月十九日清明，文徵明与好友游于惠山，在二泉亭下以茶会兴的一段雅事。这些人物中有蔡羽、汤珍、王守、王宠、潘和甫及朱朗。所绘人物神形各异，有的坐于泉井边，谈兴正浓，有的正从松下曲径缓缓踱来，惠泉亭边早已置有汤瓶香茗，桌边有一人双手作揖，正在迎接友人的到来，应是此次活动的东道主或发起人。

惠山泉水质甘洌，极宜烹茶，自被唐代陆羽评为"天下第二

鄭公以吾七人燕獲周覽于三白氏之園
丁亥暴風雨戊子為二月十九清明日少
雨求無錫未逮惠山十里天忽霽日午造
泉所乃舉王氏鼎立二泉亭下七人者環
亭坐注泉于鼎三沸而三啜之識水品之
高仰古人之趣各陶陶然不能去矣於戲
勝哉旬日之力有過者造造者適又獲與
其友共矣顧視疇昔何如哉然世之熟視
吾輩則不能無疑以為無情於山水泉石
非知吾者也以為有情於山水泉石非知
吾者也諸君子稷高器也為　大朝和
九鼎而未偶姑遣意於泉石以陸羽為歸
將以羞時之樂紅粉奔權倖角錙銖者耳
鋭諸君屋漏則養德羣居則講藝清志慮
開聰明則滌之以茗游于丘息于池用全
吾神而高超于物茲豈陸子所能至哉固
曾點之趣也會成賦詩冠以序正德十三
年戊寅二月清明日林屋山人蔡羽撰

惠山茶會序
渡江而潤金焦甘露勝由潤入句容三茅
山勝由句容至毘陵白氏園勝由毘陵至
無錫惠麓勝余之之金陵必經是衞程追
事脅或不得一造造或不得徧觀觀或不
得與朋友共而私獨遨御焉用是怏怏嘗
與衡山文徵明中山湯子重太原王履約
王履吉謀行而諸君各有典守又不敢舍
已業以越人境正德丙子之秋長洲博士
古閩鄭先生掌教武進居于毘陵明年丁
丑夏吾師大學士太保靳公致政居于潤
又明年戊寅春子重以父病將禱于茅山
履約兄弟以煮茶法欲定水品于惠其二
月初九余得往潤之日與諸友相見于虎
丘又辭以事乃獨與簫汪濬和甫挾舟去
子重亦與其徒湯子朋同載前後行三宿
達潤余既拜太保公于其第獲登甘露寺
由多景樓故址以觀江海居二日而退舟
甲申宿丹徒乙酉宿毘陵丙戌晨飯于舟

明　文徵明《惠山茶会图》　故宫博物院藏

泉”后，声名不绝。如唐庚《斗茶记》中所记，唐武宗时丞相李德裕“好饮惠山泉，置驿传送，不远数千里”。在宋代，惠山泉还经常与龙团茶一起作为馈赠好友的礼品，可见惠山泉水历来为文人所倾心。同时，惠山赏泉品茶也是文人雅集的“保留节目”。

从文徵明的许多诗中，我们可以看到惠山茶会是一种诗文唱和、书画交流的雅集活动。现选录几首，以助《惠山茶会图》之欣赏。

忆得新秋慧山路，小舰归来及秋暮。
东行不负酌泉盟，一笑再理登山屦。
山中草木渐衰歇，依旧灵泉雪流乳。
肠胃聊湔肉食腥，须眉净洗京尘污。
雅致仍携小筧茶，旧游愧读南墙句。
墨痕凌乱犹昨日，老衲依稀说前度。
三旬才到一何稽，一月两番无乃屡？
人情嗜好信有偏，至理自知非可谕。
我生坚固万缘轻，泉石娱人却成痼。
那能过此但空归，纵不可留须一戽。
小奚解事走相从，瓶罂预洁提泉具。
斜阳一抹滞奔程，好奇正得舟人怒。
回视舟人笑不言，就中有理无相苦。

——《再游惠山》

少时阅茶经，水品谓能记。
如何百里间，慧泉曾未试。
空余裹茗兴，十载劳梦寐。

秋风吹扁舟，晓及山前寺。
始寻琴筑声，旋见珠颗泌。
龙唇雪喷薄，月沼玉渟泗。
乳腹信坡言，圆方亦随地。
不论味如何，清澈已云异。
俯窥鉴须眉，下掬走童稚。
高情殊未已，纷然各携器。
昔闻李卫公，千里曾驿致。
好奇虽自笃，那可辨真伪。
吾来良已晚，手致不烦使。
袖中有先春，活火还乎炽。
吾生不饮酒，亦自得茗醉。
虽非古易牙，其理可寻譬。
向来所曾尝，虎阜出其次。
行当酌中泠，一验逋翁智。

——《秋日将至金陵泊舟惠山同诸友汲泉煮茗喜而有作》

醉思雪乳不能眠，活火砂瓶夜自煎。
白绢旋开阳美月，竹符新调慧山泉。
地炉残雪贫陶谷，破屋清风病玉川。
莫道年来尘满腹，小窗寒梦已醒然。

——《是夜酌泉试宜兴吴大平所寄茶》

慧泉珍重著茶经，出品旗枪自义兴。
寒夜清谈思雪乳，小炉活火煮溪冰。

生涯且复同兄弟。口腹深惭累友朋。

诗兴扰人眠不得，更呼童子起烧灯。

——《次夜会茶于家兄处》

绢封阳羡月，瓦缶惠山泉。

至味心难忘，闲情手自煎。

地炉残雪后，禅榻晚风前。

为问贫陶谷，何如病玉川。

——《煮茶》

嫩汤自候鱼生眼，新茗还夸翠展旗。

谷雨江南佳节近，惠泉山下小船归。

山人纱帽笼头处，禅榻风花绕鬓飞。

酒客不通尘梦醒，卧看春日下松扉。

——《煎茶诗赠履约》

云腴湛湛雪霏霏，惠麓甘泉天下奇。

驿送曾烦厓相置，品尝唯许渐儿知。

雨前佳致分茶处，松下清酣漱齿时。

忽听沧浪烟外曲，月明风细不胜思。

——《惠麓泉甘》

这些诗中所表露出来的逸致雅兴，体现出文徵明及其他吴门画家在网罟严密的社会中对自由生活的向往，正如那翰墨丹青中，流露出的清新自然而不失古风的茶味。

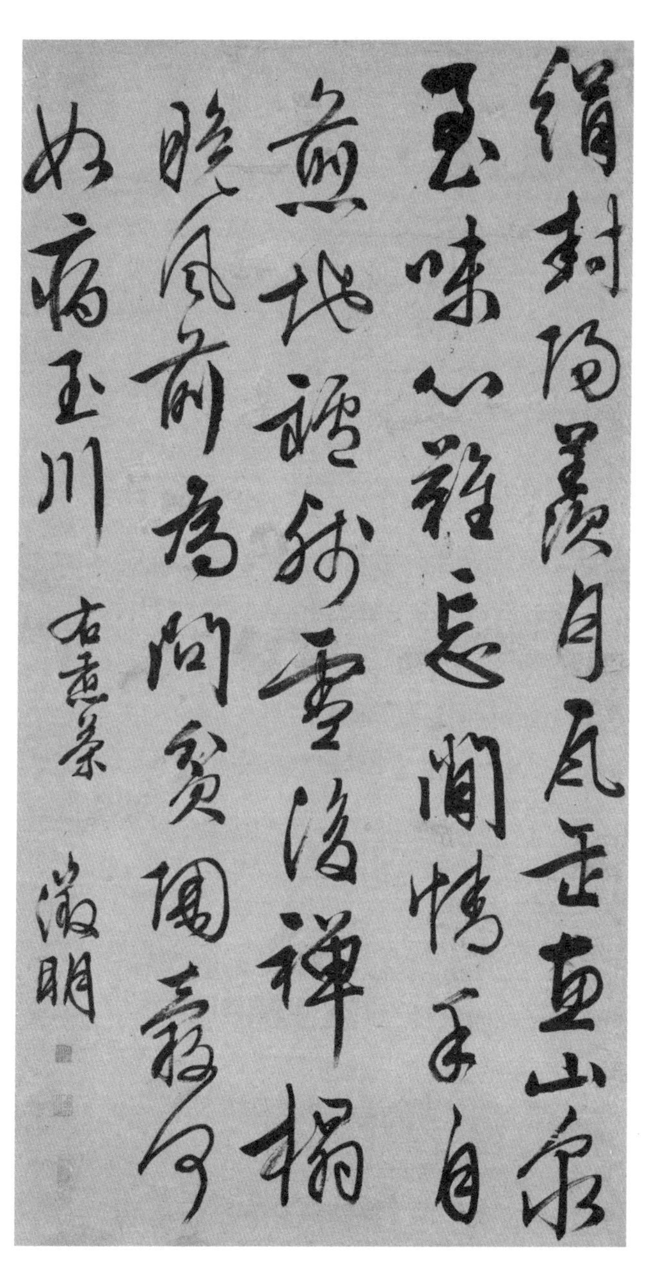

明　文徵明《行书煮茶诗轴》　南京博物院藏

《煎茶七类》杂识

徐渭，字文长，初字文清，号天池山人、青藤道士等，山阴（今浙江绍兴）人，明代杰出的书画家和文学家。

徐渭一生写了很多茶诗，还依陆羽之范，撰有《茶经》一卷。《文选楼藏书记》载：“《茶经》一卷，《酒史》六卷，明徐渭著，刊本。是二书考经典故及名人韵事。”可惜的是，徐渭的《茶经》今天已经无从得见了。与《茶经》同列入徐氏茶书目录的尚有《煎茶七类》。

徐渭一生坎坷，晚年狂放不羁，孤傲淡泊。他的艺术创作也反映了这一性格特征。在他的书画作品中，有关茶的并不多，而行书《煎茶七类》则是艺文合璧，对茶文化和书法艺术研究而言，均属一份宝贵的资料。

徐渭自称：“吾书第一，诗二，文三，画四。”如此的评价，可见他对自己的书法是相当自信的。后人也称其“八法之散圣、字林之侠客”，评价不可谓不高。徐渭的书法多作行、草书，除了师法晋唐名家外，主要是汲取了宋代米芾、黄庭坚及元代倪瓒之神韵。他的传世作品多为五十六岁以后所作。

《煎茶七类》行书墨迹，绢本，纵26厘米，横210厘米，现藏荣宝斋。此帖又刻于绍兴市上虞区曹娥庙左侧厢著名的天香楼藏帖碑廊，原石现藏上虞博物馆。此石为《天香楼藏帖》的一部分，共分五帧，每帧纵31厘米，横76厘米，横式。前有隶书题额“天香楼藏帖”五字，其下有白文“王望霖印”和朱文“济苍”二印。书迹最后有王望霖小楷尾跋：“此文长先生真迹。曾祖益斋公所藏书法，奇逸超迈，纵横流利，无一点尘浊气，非凡笔也。望霖敬跋。”

《天香楼藏帖》是清嘉庆元年至九年（1796—1804）上虞王望霖撰集，仁和范圣传镌刻，共八卷，前五卷为明代人书作，后三卷为清代人书作，共计刻书一百三十余种。人评“此帖选择精审，俱以真迹上石，摹勒亦能逼真，是汇帖中之可观者”。

徐渭《煎茶七类》带有较明显的米芾笔意，笔画挺劲而腴润，布局潇洒而不失严谨，与其另外一些作品相对照，此书多存雅致之气。

徐渭行书《煎茶七类》全文如下：

煎茶七类

一、人品。煎茶虽微清小雅，然要须其人与茶品相得，故其法每传于高流大隐、云霞泉石之辈、鱼虾麋鹿之俦。

二、品泉。山水为上，江水次之，井水又次之。井贵汲多，又贵旋汲，汲多水活，味倍清新，汲久贮陈，味减鲜冽。

三烹點。煎用活火，候湯眼鱗鱗起，沫餑鼓泛，投茗器中，初入湯少許，候湯茗相浹，卻復滿注。頃間，雲腳漸開，乳花浮面，則味全矣。蓋古茶用碾屑團餅，味則易出。今葉茶是尚，驟則味虧，過熟則味昏底滯。

七茶勳。除煩雪滯，滌醒破睡，譚渴書倦，此際策勳，不減凌煙。

是七類乃盧仝作也，中夥甚疾，余臨書，稍改定之。時壬辰秋仲，青藤道士徐渭書於石帆山下朱氏三宜園。

明　徐渭　《煎茶七类》　荣宝斋藏

三、烹点。烹用活火，候汤眼鳞鳞起，沫浡鼓泛，投茗器中，初入汤少许，候汤茗相浃却复满注。顷间，云脚渐开，浮花浮面，味奏全功矣。盖古茶用碾屑团饼，味则易出，今叶茶是尚，骤则味亏，过熟则味昏底滞。

四、尝茶。先涤漱，既乃徐啜，甘津潮舌，孤清自萦，设杂以他果，香、味俱夺。

五、茶宜。凉台静室，明窗曲几，僧寮道院，松风竹月，晏坐行吟，清谭把卷。

六、茶侣。翰卿墨客，缁流羽士，逸老散人或轩冕之徒，超然世味者。

七、茶勋。除烦雪滞，涤醒破睡，谭渴书倦，此际策勋，不减凌烟。

是七类乃卢仝作也，中伙甚疵，余临书，稍改定之。时壬辰秋仲，青藤道士徐渭书于石帆山下朱氏三宜园。

《煎茶七类》又见于《徐文长佚草》（见《徐渭集》），两者意思相同，只是文字略有出入，加以互校，可以发现有几个不同之处。

"行书七类"中有自跋而无题注，自跋中认为"七类"为卢仝所作；"佚草七类"无自跋而有题注，题注曰，"旧编茶类似冗，稍改定之也"，未明作者是何人，然"稍改定之"一语，则与"行书七类"同。

"行书七类"中之"三、烹点。烹用活火……候汤茗相浃……浮花浮面，味奏全功矣"；"七、茶勋。除烦雪滞，涤醒破睡"。而"佚草七类"分别为"三、烹点。用活火……俟汤茗相浃……乳花浮面，味奏，奏全功矣”；“七、茶勋。除烦雪滞，涤醒破睡”。

名为《煎茶七类》的文章，也见于明代陆树声的《茶寮记》中，根据徐渭“行书七类”和“佚草七类”，再参考陆氏《茶寮记》所载的“七类”，有以下几点是值得注意的。

其一，“行书七类”自跋所言“是七类乃卢仝作也”的判断似难以成立。因为文中有“盖古茶用碾屑团饼……今叶茶是尚……”“设杂以他果，香、味俱夺”等内容。前者是说茶的形制和烹茶碾末程序，此为唐宋之前的饮法，想必卢仝不会称本朝为“古”。而“今叶茶是尚”更是明代人的语气和宋以后才形成的品茶审美观，卢仝作为唐人，何以有此远见。

其二，“佚草七类”中的题注云：“旧编茶类似冗，稍改定之也。”“行书七类”中也有“稍改定之”的话，可知徐渭对《煎茶七类》原文曾有所裁改。将徐氏两文与陆氏之“七类”相对比，也仅是文字上略有差异而已。经查，陆氏《茶寮记》的写作时间比徐氏“佚草七类”早约四五年，徐渭若以陆氏之文为底本，则应知其作者为陆树声，因此，《煎茶七类》的原作者问题尚可存考。

其三，“佚草七类”写于万历三年（1575）前后，“行书七类”书于徐渭仙逝的前一年，即万历二十年（1592），两者相距十多年。可知徐渭不止一次地写过此文，而“行书七类”很可能是其最后一次书写。

老莲茶味几人知

陈洪绶，明末清初著名书画家，字章侯，号老莲，晚又号悔迟、老迟、云门僧等。陈洪绶出生于浙江诸暨的官宦世家，早年失怙，家道中落。在仕途上，陈洪绶颇为不顺，一生坎坷，但他的书画作品极为世人所推崇，后人对其作品的赞语，常用“古”“奇”“高”“仙”四字概括。其所绘人物善用高古游丝描，线条有力流畅，为吴道子、李公麟一派的优秀传承者。他的画，设色淡雅，富有古意而显出高雅的气质，对后世画风产生了深远的影响。他那含有茶文化内容的绘画作品，透露出一种雅淡而不失奇崛的韵味，尤为爱茶者所倾心。

品茶，向为文人四雅之一，这类茶事绘画，内容、题材、技法虽有不同，但往往含有煮茶品茗的场景。在陈洪绶的有关画作中，人与茶的交流，不同元素与茶的搭配，展现了一种超越世俗生活的艺术美感，由此也表现出陈老莲特有的生活审美情趣。

比陈洪绶大一岁的张岱，晚年称老莲为“字画知己”。诸暨与绍兴属同一方水土，加之二人年龄相仿，早年一同在“岣嵝

明　陈洪绶《隐居十六观·谱泉》　台北故宫博物院藏

山房”读书，后又多次同行访友，故为至交。张岱《陶庵梦忆》所记，甲戌十月，两人和众友人一起出游看红叶，陈洪绶“携缣素为纯卿画古佛”，并“唱村落小歌”，张岱则“取琴和之，牙牙如语”。在他的《石匮书》中，张岱称老莲“笔下奇崛遒劲，直追古人”。陈洪绶则评价张岱“吾友宗子才大气刚，志远博学，不肯俯首牖下”。两人可谓惺惺相惜。张、陈二人都是由明入清的文人，但在新政权下，一个“披发入山”，一个“剃发披缁”，在心态上都是不折不扣的文化遗民。张岱记录了陈洪绶的四句自题——“浪得虚名，穷鬼见诮，国亡不死，不忠不孝”，正是这种心态的真实写照。

陈洪绶的画作大多为工笔，所绘内容题材广泛，人物、花鸟、博古等都有佳作。工笔，一般总是把它与写实联系在一起，但陈氏的工笔作品，其艺术形象却有着明显的夸张和形变，特别是他的人物画，其脸部结构和神态表情，具有很强的夸张效果和形变特征，因而充分体现出人物的身份、心态和性格。此外，其所绘茶具、花器的造型，也往往画得特别大而显眼，同时采用了一定的形变手法，使器具形制显得古朴可爱，在表现趣味的同时，又突出了主题。陈老莲的画，恰如一杯好茶那样：清淡之中，隐然出现一丝意外的奇香；浓烈之后，又让人回味悠长。

例如，他画的《玉川子像》，人物造型别具一格，颇有自己的思想。玉川子，即唐人卢仝。卢仝少有才名，未满二十岁便隐居嵩山少室山，不愿仕进。朝廷曾两度要起用他为谏议大夫，均不就。甘露之变时，因留宿宰相兼领江南榷茶使王涯家，与王涯同时被宦官所害。卢仝的好友、著名诗人贾岛写有《哭卢仝》诗：

> 贤人无官死，不亲者亦悲。
> 空令古鬼哭，更得新邻比。
> 平生四十年，惟著白布衣。
> 天子未辟召，地府谁来追。
> 长安有交友，托孤遽弃移。
> 冢侧志石短，文字行参差。
> 无钱买松栽，自生蒿草枝。
> 在日赠我文，泪流把读时。
> 从兹加敬重，深藏恐失遗。

明　陈洪绶《玉川子像》　程十发旧藏

明　丁云鹏
《玉川煮茶图》
故宫博物院藏

其中“平生四十年，惟著白布衣”一句，为后来画卢仝像者提供了一个标志性的参照，元代钱选的《玉川烹茶图》、明代丁云鹏的《煮茶图》等，无不出之以“白衣文士”的形象。此外，根据《唐才子传》记载，“（卢仝）家甚贫，惟图书堆积。后卜居洛城，破屋数间而已。一奴，长须，不裹头；一婢，赤脚，老无齿。终日苦哦，邻僧送米。”因此，我们所看到的上述绘画作品中，往往都有这两个仆人在旁伺茶。

陈洪绶这幅《玉川子像》，所画仆人，就是完全忠实于史载的“一婢，赤脚，老无齿”。而玉川子，即卢仝本人的形象，则大可玩味。其服装并非标配的白色，而是朱色，加上深色的帽巾，更像是明代深衣幅巾装束，故而使之更接近明代文人，或者说就是老莲自己的身份。再加上仆人手托之茶盘、其中的茶壶茶杯，其形制更是非明代而不能有。一幅画中，古今并存、雅俗交融，可谓境中有意是也。借古喻今，其画外之意，是该作品的意图所在。

茶，已成为陈老莲绘画中一个极好的抒情载体。陈老莲画中的“茶”，其味在茶外。如果一味研究茶人是谁，茶具是什么材质、什么造型，茶是什么泡法，是否符合“茶理”，等等，难免会南辕北辙。虽然画面大都是工笔，但在造型上却和他一如既往的夸张、变形手法一样，不是具象式的写真，而是写意。也就是说，陈洪绶画中之茶，和其他表现元素，如瓶花、石桌、蕉叶、博古、琴瑟、香炉一样，既是为了突出画面形式上的古意雅致，同时，也是利用茶饮的文化特性，将其转化成内在的非常丰富的艺术语言，从而烘托文人求官不得，退隐山林，以琴棋书画、诗酒茶花等诸般闲事为志趣的生活气氛。更为重要的是，笔墨、色彩之下的茶，可以准确地表达出陈老莲胸中高蹈而平和，古朴而雅致、绮丽而清寂的审美追求。

明代朱权《茶谱》有述：

> 茶之为物，可以助诗兴而云山顿色，可以伏睡魔而天地忘形，可以倍清谈而万象惊寒，茶之功大矣。……凡鸾俦鹤侣，骚人羽客，皆能忘绝尘境，栖神物外。不伍于世流，不污于时俗。或会于泉石之间，或处于松竹之下，或对皓月清风，或坐明窗静牖。乃与客清谈款话，探虚玄而参造化，清心神而出尘表。

高士奇曾评说，“章侯画人物深得吴生三昧，况气节磊落，不轻应人求”，所画人物“各有萧闲自得之貌，知其心游物外也”。“心游物外”四字，相当中肯，可作为陈老莲茶画的要旨所在。同时，陈老莲自己有一首《湖上》诗，更明显地表达了自己的内心世界，同时，也几乎可以为他所有的茶画意蕴做个注脚：

> 厌听楼船杂管弦，耳根清净小西天。
> 朝朝暮暮闲亭子，满耳松风满耳泉。

“扬州八怪”的茶艺

“扬州八怪”是指清代康熙、雍正、乾隆三朝曾在扬州活动的一批书画家。他们无一不是在受压抑、受迫害的境遇中度过坎坷不平的一生，这种经历和遭遇决定了他们的作品能够直面冷酷的社会和人生。以茶为题材的书画词翰，在他们笔下生发出隽永之味，大可发后人之遐想，故择要介绍如下。

华嵒《闲听说旧图》《瞽人说书图》

华嵒，字秋岳，号新罗山人等，福建上杭人。他的作品多表现民间风俗题材。在《闲听说旧图》中，作者以饮茶者的形象反映了社会的不平等现象。该图所画为18世纪江南农村生活之一角，早稻收割季节，村民听书休闲时的情景。画家以人物的音容笑貌来显示贫富的对立，其中一富人坐在仅有的一条长凳上，体态臃肿，神情洋洋自得，并有专人服侍用茶，送茶者双手托盘，盘里是一只小茶碗。与之相对应的，旁边一位须发皆白的佝偻老人，正双手抱着

清　华嵒
《瞽人说书图》
上海博物馆藏

一只粗瓷大碗在饮茶。如此，“胖与瘦，使奴唤童与孤独无养，大长凳与小板凳，小茶碗与大茶碗，颐指气使与朴实无华，这一切都很自然，又分明是在对比”（薛永年《华嵒的艺术》）。

《瞽人说书图》，表现的是春夏之交，于乡村户外，简易布棚之下，说书三人组的演出场景。有盲人说书者击鼓摇板，其两位助手弹弦、吹管配乐；听者，有正捻须欣赏的老人，有驻足聆听的文人村夫，更有勾肩搭背而不觉入神的孩童。各种人物的动态神情表现得细致入微。同时，画面中心的大方桌上，一只砂壶和三只白瓷杯，显得分外引人注目，虽为静物，却体现了以茶助兴，以茶辅艺的美好意境。

高凤翰《天池试茶图》《书窗清供图》

高凤翰出身于书香门第，原名翰，字西园，号南村，晚号南阜山人，山东胶州三里河村人。高氏自幼聪慧，九岁能诗，十五岁后与蒲松龄成忘年之交，二十九岁那年，参加科考，中秀才，后多次赴省城乡试，但屡试不中。直到四十五岁时，高凤翰才被人推荐应“贤良方正”特考，列一等，受到雍正皇帝接见，并授歙县县丞职。雍正十一年（1733)，正要升县令的他却被人诬告入狱三年，后虽冤情大白，但经历了一番磨难，右臂已病残。从此，高凤翰不再涉足官场，而往江南以售字画为生。他以左手继续书画创作，并取得了独特的成就，晚年时，画风由雄浑、静逸转为简洁、朴拙，气韵更为充盈。

高凤翰的《天池试茶图》曾为绍兴余氏怡园所藏。图以天池为中心，画面右下角绘小石桥一座，树木掩映之下有两人论道。

清　高凤翰《天池试茶图》　沈阳故宫博物院藏

清　高凤翰 《书窗清供图》

左中部画有三人坐而待茶，一童子奉茶至，另一人在松下候汤煮茗。全图大小山石耸立，人物顾盼向背，有动有静，线条简洁而朴实，一派幽雅的景致。图左小篆题“天池试茶图”，下押白文印“凤”“翰”，左下角押朱文葫芦印“偶然”。

高凤翰擅山水，纵逸不拘于法，画花卉亦奇逸而富有天趣。《书窗清供图》画茶壶一把，可把玩品啜，以助文思。壶后有兰花一盆，清芬绝俗；菖蒲一盆，防疫驱邪。书斋情趣，水墨写意，活色生香，展现了文人高洁的情怀。

边寿民《紫砂壶》

边寿民，初名维祺，字颐公，又字渐僧，号苇间居士，又自署六如居士、墨仙、绰绰老人等。边寿民的作品在“扬州八怪”中影响相对较小。其实，他的作品表现能力很强，且颇具创造性。

《紫砂壶》画于乾隆二年（1737），该画是边寿民《白描花果小品》册页中的一幅，该册页今藏扬州博物馆。除紫砂壶之外，这套册页还画有豆芋、藕、荷、木瓜、茄子、劲松、芍药、莲子、水仙等，都是日常之物，取材平易，生活气息很浓。其题写的内容也很丰富，有的注上食用方法，有的告之用途，有的则品其优劣，文字练达，歌赋并举，情趣盎然。《紫砂壶》上题“古人称茶为晚香侯，苏长公有烹茶诗可诵”。下录苏东坡茶诗一首，后署：“丁巳闰九月，苇间居士边寿民。”并钤白文印二，其一为“茶熟香温且自看”，其二为“寿民”。

《紫砂壶》的表现手法与册页中的其他作品一样，似为西画中的素描手法，既非纯粹的块面明暗处理，也非中国工笔画的晕染，而是采用干笔淡墨略加皴擦，边缘仍以线条勾勒，有“淡而厚、实而清”的艺术效果，表现了茶壶的质朴之美。

边寿民还曾作有《好事近·茶壶茶瓶》词一阕，其意境可为《紫砂壶》一画添色增韵。

石鼎煮名泉，一缕回廊烟细，绝爱嫩香轻碧，是头纲风味。　　素瓷浅盏紫泥壶，亦复当人意，聊淬辩锋词锷，濯诗魂书气。

清　边寿民《壶茶图》　清华大学美术学院藏

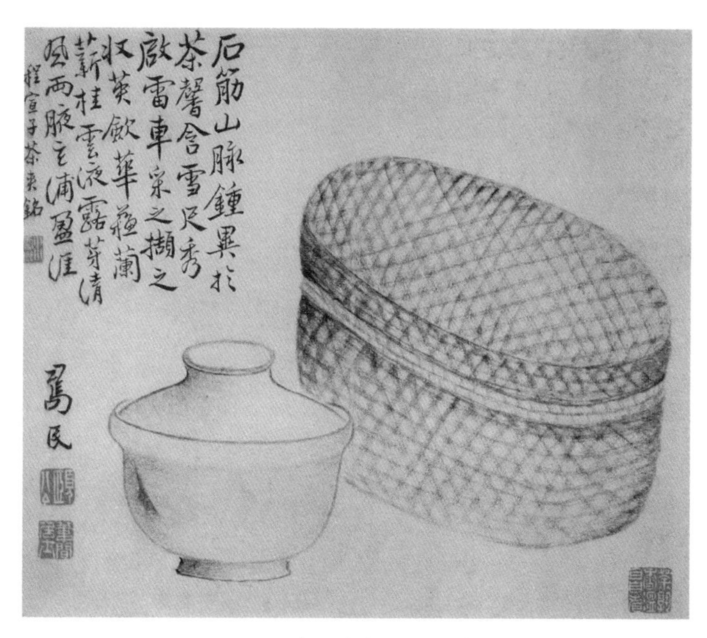

清　边寿民《茶馨图》　故宫博物院藏

清　汪士慎《行书诗稿册》　浙江省博物馆藏
其一，《柳窗雪中见过》，“好友雪中至，冲寒一径斜。霑衣如缟袂，扑笠似狂花。虚室添吟兴，僵梅动岁华。清论无供给，先试白云茶。”

“茶仙”汪士慎

汪士慎是“扬州八怪”中与茶交情最深的一位。其为安徽歙县人，名慎或阿慎，字仪诚、近人，号巢林、甘泉山人等。由于他排行第六，并嗜茶如癖，友人金农常称之为“汪六”或“茶仙”。

“茶仙”的嗜茶已经到了“饭可终日无，茗难一刻废”的地步。汪氏自称“嗜好殊能推狂夫”。他平常待客从不设酒，只是“清荫设茶宴”，“煮茗当清尊”而已。在诗、书、画、印“四绝”以外，汪巢林最精的恐怕就数辨泉品茗了。

清　汪士慎篆刻
《尚留一目着花梢》

汪巢林所品之茶甚多，大都是朋友送的佳品，诸如檣峰上人赠天目山茶、鲍西冈赠雁山芽茶、冒甚原赠蜀茗等，他还品饮过龙井、武夷、松萝、霍山、天台、杼山、小白华山等地所产的名茶。他对品茶的情感投入并不亚于书画创作。有一次，其友姚世钰不知从哪里搞来一包杼山野茶，请汪巢林品鉴。巢林先生涤盏冲泡，一入口便大喜过望，认为此茶是他饮过的茶中最具有韵味的一种。一边品饮，一边竟吟出了“莫笑老来嗜更频，他生愿作杼山民”的句子。汪巢林饮茶量很大，自谓“一盏复一盏”，“一瓯苦茗饮复饮”，而对茶的感受则很细腻，“飘然轻我身”“涤我六腑尘”“醒我北窗寐”……

不幸的是，汪士慎在五十四岁时，即乾隆四年（1739）从浙江游历归来后，患疾已久的左眼很快失明了。关于汪巢林的眼疾，有的医生说是饮茶过度所致。对此，汪巢林大不以为然。他在《蕉阴试茗》中有句云：“平生煮泉百千瓮，不信翻令一目盲。”并自注：“医云嗜茗过甚，则血气耗，致令目眚。”那么，真正致盲的原因是什么呢？且看他的《述目疾之由示医友》诗：

寒宵永昼苦吟身，六府空灵少睡神。
茗饮半生千瓮雪，蓬生三径逐年贫。

可见，汪士慎的致盲原因，主要是用眼过度，饮茶只不过是提供了一个通宵达旦的条件罢了。

在汪巢林眼疾日益严重的情况下，他的友人们对他报以极大的关怀，特别是姚世钰，为他到处寻觅能治眼疾的桑叶茶。巢林的亲家陈章，也以为他的病是饮茶过度所致，努力劝其戒之，但并不奏效。陈章在高翔为汪巢林所绘《煎茶图》中有诗记曰：“饭可终日无，茗难一刻废。利目侔决明，功用本草载。侵淫反受伤，偏盲尚无悔。余尝苦口劝，冷笑面相背。为说竹炉声，空山风雨碎。”（《孟晋斋诗集》卷五）但“茶仙”对饮茶致盲之说，仍是不屑一顾。

汪巢林六十七岁时，他的另一只眼睛也渐渐失明，这时，就连最起码的自挑荠菜，瓦盂煨芋，自烧松子自煎茶的清贫生活也难以维持下去了。到了乾隆二十四年（1759）正月，汪巢林与世长辞，终年七十四岁。

汪巢林的隶书以汉碑为宗，《幼孚斋中试泾县茶》条幅，可谓是其隶书作品中的一件精品。值得一提的是，条幅上所押白文“左盲生”一印，说明此书作于他左眼失明以后。这首七言长诗，通篇气韵生动，笔致动静相宜，方圆合度，结构精到，周密而不失空灵，整饬而暗相呼应。该诗是汪士慎在管希宁的斋室中品试泾县茶时所作。诗曰：

不知泾邑山之涯，春风茁此香灵芽。

两茎细叶雀舌卷，蒸焙工夫应不浅。

宣州诸茶此绝伦，芳馨那逊龙山春。

一瓯瑟瑟散轻蕊，品题谁比玉川子。

共向幽窗吸白云，令人六腑皆芳芬。

长空霭霭西林晚，疏雨湿烟客忘返。

管希宁是汪巢林的诗友、书友和画友，也是茶友。其字平原，号幼孚，别号全牛山人。他经常与同好一起游玩、品茶，相互以诗书赠答，曾携惠山泉专程赶到汪宅去烹茶。这幅诗书恰是描绘了两人面对一瓯清茶而沉湎其中的闲情雅兴，可见并非一时的兴到之笔，而是两人日常交游中的一个精彩片段。

汪巢林左眼失明后，创作更加勤奋，其作品意境也更胜以往。阮元《广陵诗事》卷四评："巢林嗜茶，老而目瞽，然为人画梅或作八分书，工妙胜于未瞽时。"对照《幼孚斋中试泾县茶》之书，阮元之评可信不诬。

汪士慎的嗜茶，在当时文人圈中名声颇响，因而其好友得到佳茗无不邀其品尝，汪氏的茶饮之道也日益精到。知茶者，无不知水，巢林的雅号"甘泉山人""甘泉寄农""甘泉山寄樵"等，大概亦是由爱茶知水而起的。

乾隆五年（1740），汪巢林居于"广陵城隅"，照样日日烹茶，但未有好水相配，心中自是不爽。一天，他从朋友处打听到，焦五斗家里有好水，这水是焦五斗在隆冬大雪时，收集洁净雪花，贮藏起来以备日后烹茶之用的。闻得此讯，"茶仙"便画了一幅画，名曰《乞水图》，送到焦氏家中，换得了一瓶"天泉"。焦氏得到巢林先生的画，自然也是如获至宝，两人皆大欢喜。在二十一年后，即乾隆二十六年（1761），汪士慎仙逝已有两年时间了，焦五斗怀念旧友，将《乞水图》取出加以装裱，并郑重地请金农作题。重阳节这天，金农于画上题跋，详细记述了汪巢林与焦五斗这段以画易泉的轶事：

> 巢林汪先生居广陵城隅，平日嗜茶，有玉川子之风。月团三百片，不知水厄为烦也。同社焦君五斗，当严冬雪深堆径时，蓄天上泉最富。巢林因吟七字，复作是图以乞之。图中唯写破屋数间，疏篱一折，稚竹古木，皆含清润和淑之气。门外蛮奴奉主人命，挈瓶以送。光景宛然，想见二老交情如许也。署款为乾隆庚申。
>
> 未几巢林失明，称瞽夫。又数载，巢林海山仙去矣。阅今星燧已更二十余年。五斗念旧，匆替装成立轴，请予题记。噫予与二老谊属素心，存亡之感，岂无涕洟濡墨而书耶。惜予衰聩多病，未暇和二老之诗于其侧云。乾隆辛巳九月九日，为吾五斗老友题巢林先生《乞水图》。七十五叟，杭郡金农撰。

高翔《煎茶图》

在浙江省博物馆藏有一幅夏衍先生捐赠的汪士慎《墨梅图》长卷，上有汪氏题《自书〈煎茶图〉后》一首。这首诗与“扬州八怪”中的另一位人物高翔有直接的关系。

高翔，字凤冈，号西唐，也作樨唐或西堂，又号山林外臣，甘泉（今江苏扬州）人。高西堂一生清贫，但好学不倦，他的作品多为山水与花卉，兼作人像写真。

《煎茶图》是高翔专为汪巢林所绘。该图作于乾隆六年

（1741），横幅，用笔简洁疏秀，不落窠臼。图既成，厉鹗题诗道：“巢林先生爱梅兼爱茶，啜茶日日写梅花，要将胸中清苦味，吐作纸上冰霜桠。”

汪巢林得图后，甚为兴奋，作《自书〈煎茶图〉后》一诗以谢高翔。诗中有云：“西唐爱我癖如卢，为我写作煎茶图。高杉矮树四三客，嗜好殊人推狂夫。”对自己的嗜茶流露出难以抑止的自负之情。后来，汪巢林又请其他几位挚友作跋。如姚世钰的跋诗：“巢林嗜茶同嗜诗，品题香味多清词。吟肩山耸玉川屋，风炉烟袅青杉枝。”厉鹗的《题汪近人〈煎茶图〉》描述得最为详尽，有句云：

> 此图乃是西唐山人所作之横幅，窠石苔皴安矮屋。
> 石边修竹不受厄，合和茶烟上空绿。
> 石兄竹弟玉川居，山屐田衣野态疏。
> 素瓷传处四三客，尽让先生七碗余。
> 先生一目盲似杜子夏，不事王侯恣潇洒。
> 尚留一目著花梢，铁线圈成春染惹。
> 春风过后发茶香，放笔横眠梦蝶床。
> 南船北马喧如沸，肯出城阴旧草堂。

除《煎茶图》外，高翔还为汪氏作啜茶小像一幅，后制成版刻，作为《巢林集》之卷首插像。陈章作像赞曰：“好梅而人清，嗜茶而诗苦。唯清与苦，实渍肺腑。”

高翔之作《煎茶图》，一方面是出于与“茶仙”的友谊，同时也表现了与“茶仙”的一种共同的品性。“要将胸中清苦味，

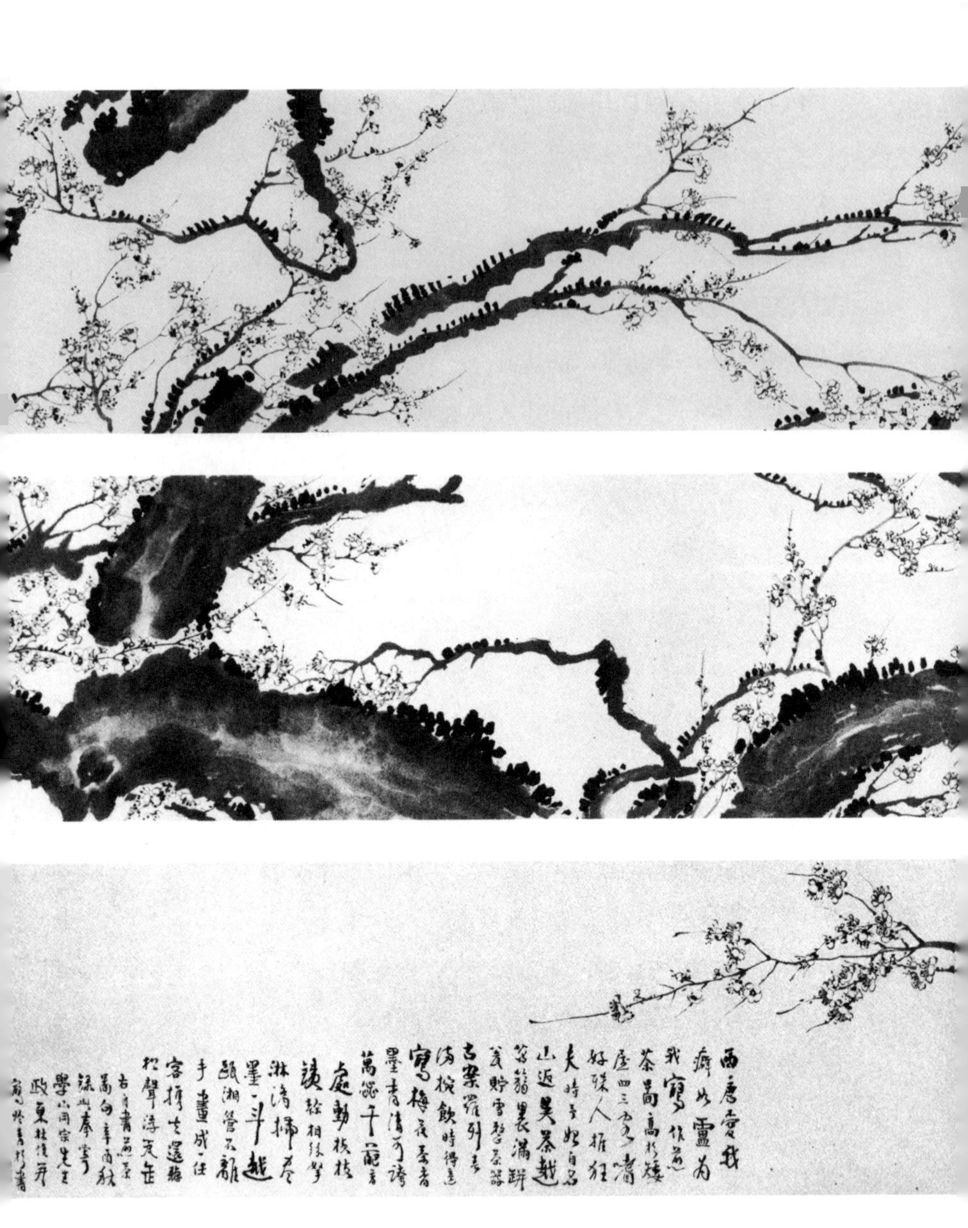

清　汪士慎《墨梅图卷》　浙江省博物馆藏

吐作纸上冰霜桠”，既是汪巢林的写照，又何尝不是高翔个人情怀的一种表露呢？“清苦”二字，大约就是“八怪”们的“茶味”之所在吧。

金农书艺中的茶味

金农，字寿门，号冬心，别号有多个，如金吉金、昔耶居士、曲江外史等，钱塘（今浙江杭州）人。金农的书法，善用秃笔重墨，蕴含金石方正朴拙的气派，风神独运，气韵生动，人称“漆书”。浙江省博物馆藏有一幅金农隶书中堂《玉川子嗜茶》，从中可见冬心先生对茶的见解。

> 玉川子嗜茶，见其所赋茶歌，刘松年画此，所谓破屋数间，一婢赤脚举扇向火。竹炉之汤未熟，长须之奴复负大瓢出汲。玉川子方倚案而坐，侧耳松风，以俟七碗之入口，可谓妙于画者矣。茶未易烹也，予尝见《茶经》《水品》，又尝受其法于高人，始知人之烹茶率皆漫浪，而真知其味者不多见也。呜呼，安得如玉川子者与之谈斯事哉！稽留山民金农。

金农的爱茶之心在这幅作品中流露无遗，从金农所描述的寥寥数语中，玉川子静坐候汤的形象生动地浮现了出来。然其笔锋一转，又谈起烹茶之道来，“茶未易烹也”，这的确是一句内行人的话。唐代陆羽在《茶经》中曾论道：“其火用炭，次用劲薪。其炭，曾经燔炙，为膻腻所及，及膏木、败器不用之……其

清　金农
《隶书玉川子嗜茶》
浙江省博物馆藏

水，用山水上，江水中，井水下……其沸，如鱼目，微有声，为一沸；缘边如涌泉连珠，为二沸；腾波鼓浪，为三沸。已上，水老，不可食也。”

我们从作品中可知，金农不仅研读过《茶经》和《水品》（明代徐献忠著），而且还向烹茶专家学习此道。因而对看似容易的烹茶自有深刻的体会，绝非附庸风雅，故作清高。正因如此，冬心先生对当时一些烹茶之道，一眼就能看穿其实质，“人之烹茶率皆漫浪，而真知其味者不多见也”。其于文末的一声“呜呼”，深感要找一位像卢仝那样精通茶道的人来切磋茶艺何其难也。其意似乎已经在“烹茶”之外了。

金农爱茶，其涉及茶的书法作品亦有不少。例如，金农在五十九岁时写过《述茶》一轴，今藏于扬州博物馆，内容为：“采英于山，著经于羽；荈烈蔎芳，涤清神宇。”作品墨色滋

清　金农　《四言茶赞》
扬州博物馆藏

润而内含方折之骨，笔势凝重而不失英迈之气，颇具《天发神谶碑》之神韵。此书中“荚”“荈”“蔎”均指茶，“荈”“蔎”为茶的别称，语出三国张揖《杂字》和西汉扬雄《方言》。他还书写过苏东坡的茶诗：“敲火发山泉，烹茶避林樾。明窗倾紫盏，色味两奇绝。吾生眠食耳，一饱万想灭。颇笑玉川子，饥弄三百月。岂如山中人，睡起山花发。一瓯谁与共，门外无来辙。”则属圆润一路的书法风格。

金农与汪士慎一样，对茶有着深深的喜爱，特别是与汪士慎的频繁交往，其言行也带上了浓浓的“茶味”。金农雅称汪士慎为“茶仙”，而自号“心出家庵粥饭僧”，其命意，与汪士慎的“莫笑老来嗜更频，他生愿作杼山民”的遐想是那么一致。

金农中年信佛，此后，与僧人的交往更加频繁，诗作于茶味之外，又多了浓浓的禅意。

雍正四年（1726）春，“道访圣王坪，于石淙院与禅人茶话”（《金农年谱》）。

雍正十三年（1735）四月，为陆秀才（立）作诗，诗云：

> 落花未全落，四月有余春。
> 野水多于屋，荒苔不见人。
> 渺渺空远托，寂寂属前因。
> 第一难忘者，茶乡与笋邻。

乾隆七年（1742）谷雨前一日，金农在杭州与好友泛舟西湖，渔庄烹莼，后在僧院试茗论道，尽兴而归。

乾隆二十八年（1763）暮春，七十七岁的金农在《过信公禅院感作》诗中吟道：

> 林下与僧别，多年不记年。
> 香寻吃茶处，花想做池边。

茶对于金农来说，是有着一种禅意的诱惑力的。

黄慎《采茶图》

黄慎，字恭懋，后又改恭寿，号瘿瓢，自称东海布衣，福建宁化人。他的人物、山水、花鸟都有其独特的个性，尤以人物画的风格最为突出。

黄慎的《采茶图》现藏首都博物馆，纸本，设色，纵91厘米，横35厘米。图左上有七言一首，曰："红尘飞不到山家，自采峰头玉女茶。归去何不携诗袖，晓风吹乱碧桃花。"下落款"慎"，并押二印。

图中所画，仅一老翁，白髯过胸，束发裹头，衣袍宽舒，右手携一扁篮，款步而来，篮中有鲜茶数枚。人物身后无任何背景，唯有那诗一首，画面简洁而生动。人物衣履全以线条勾勒而成，顿挫甚富节律，头巾、茶篮和布履处略加渲染，脸部线条明朗而细腻，表情传神。全图层次清楚，笔墨的表现力很强。

古今画家、文学家在创作上若以"采茶"为题，涉及人物大多以女性为主。譬如诗歌中，"白头老媪簪红花，黑头女娘三髻丫"（宋范成大《夔州竹枝词》）；"银钗女儿相应歌，筐中采得谁最多"（明高启《采茶词》）；"凤凰岭头春露香，青裙

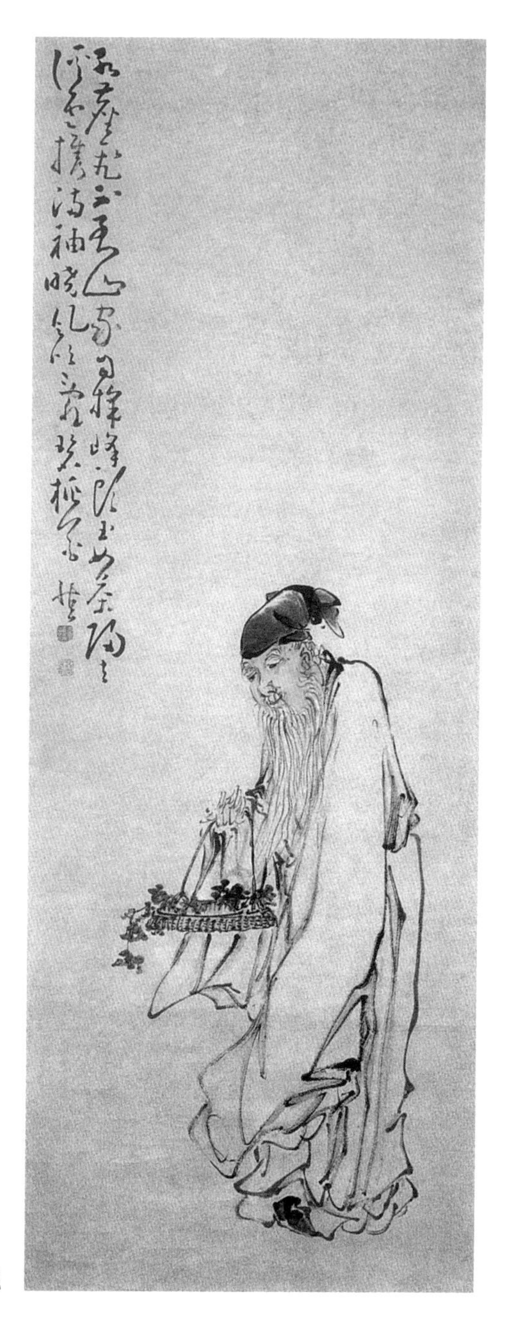

清　黄慎　《采茶图》
首都博物馆藏

女儿指爪长”（清陈章《采茶歌》）；“清明寒食丝丝雨，素腕玲珑只自攀”（清张日熙《采茶歌》）。采茶，在茶叶生产上几已成为女性的“专业”，而老翁手携都篮，上山采茶，就自然带上几分仙气，一种远离红尘，隐于世俗之外的意味油然而生。这种意味，在唐代诗歌中已偶有显露。如皇甫曾《送陆鸿渐山人采茶》，诗云：

千峰待逋客，香茗复丛生。
采摘知深处，烟霞羡独行。
幽期山寺远，野饮石泉清。
寂寂燃灯夜，相思一磬声。

南宋陆放翁的一首咏茶诗也有黄慎画中这样的意境，此诗名为《北岩采新茶用〈忘怀录〉中法煎茶饮，欣然忘病之未去》。诗曰：

槐火初钻燧，松风自候汤。
携篮苔径远，落爪雪芽长。
细啜襟灵爽，微吟齿颊香。
归时更清绝，竹影踏斜阳。

正如陆游诗中所写的那样，黄慎笔下的采茶翁，在崎岖的野径中，迎着飘忽的晨雾，若道若仙，正向我们走来。

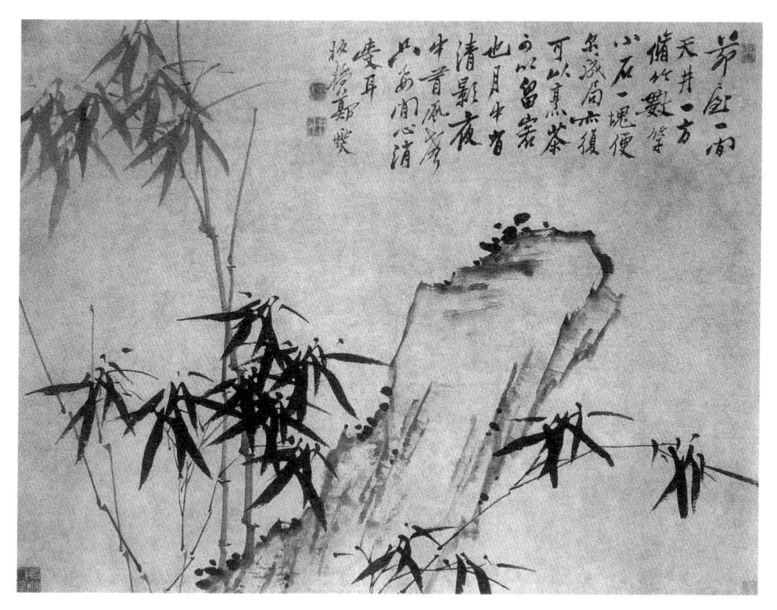

清　郑燮《竹石图》

板桥画此竹石，颇有意趣："茅屋一间，天井一方，修竹数竿，小石一块，便尔成局。亦复可以烹茶，可以留客也。月中有清影，夜中有风声，只要闲心消受耳。板桥郑燮。"

板桥茶缘

郑板桥，名燮，字克柔，"板桥"是他的号。在"扬州八怪"中，郑板桥的影响很大，与茶有关的诗书画及传闻轶事也多为人们所津津乐道。

板桥之画，以水墨兰竹居多，其书法，初学黄山谷，并合以隶书，自创一格，后又不时将篆、隶、行、楷熔为一炉，自称"六分半书"，后人又以"乱石铺街"来形容他书法作品的章法特征。人评，"板桥有三绝，曰画、曰诗、曰书。三绝中又有三

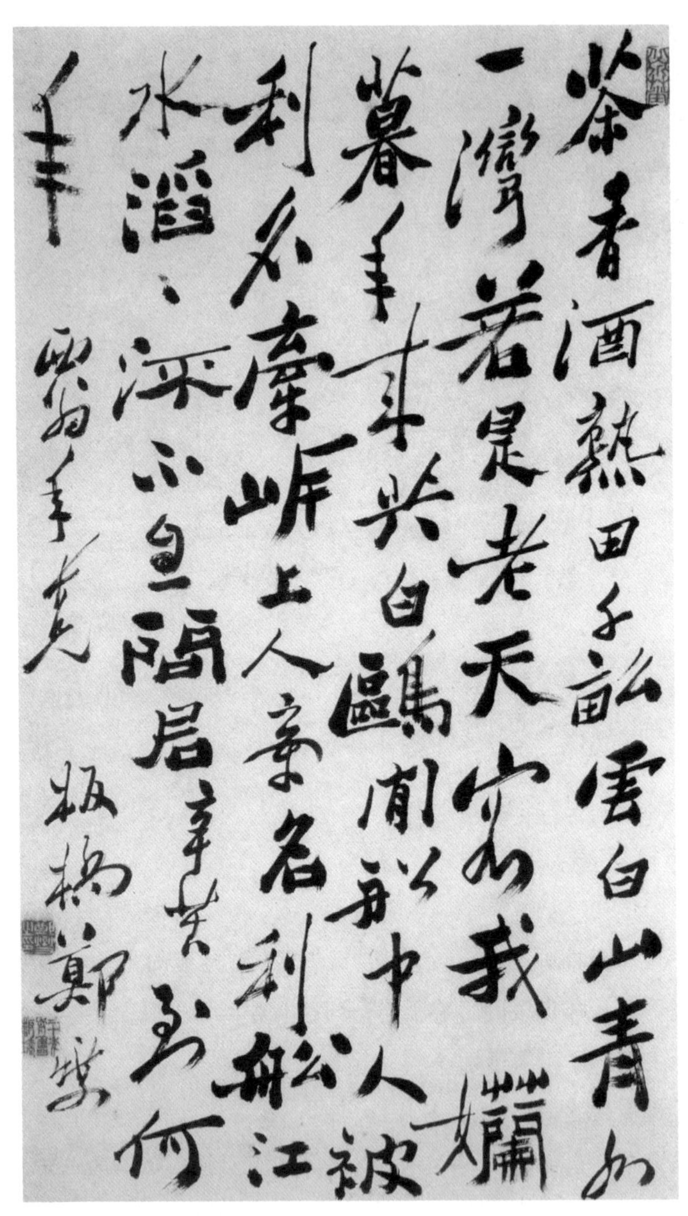

清　郑燮《书七绝二首》　第一首云："茶香酒熟田千亩，云白山青水一湾。若是老天容我懒，暮年来共白鸥闲。"

真，曰真气、曰真意、曰真趣”（马宗霍《书林藻鉴》引《松轩随笔》）。

郑板桥喜将茶饮与书画并论，他在《题靳秋田素画》中如是说：

> 三间茅屋，十里春风，窗里幽竹，此是何等雅趣，而安享之人不知也；懵懵懂懂，没没墨墨，绝不知乐在何处。惟劳苦贫病之人，忽得十日五日之暇，闭柴扉，扫竹径，对芳兰，啜苦茗。时有微风细雨，润泽于疏篱仄径之间，俗客不来，良朋辄至，亦适适然自惊为此日之难得也。凡吾画兰、画竹、画石，用以慰天下之劳人，非以供天下之安享人也。

在他看来，吃茶和书画，均随人的不同而不同，雅俗之间的转换，就在于是否能得其真趣。在板桥的眼中，知音者不是百无聊赖的所谓“安享”之人，而是那些“天下之劳人”。而茶饮对于书画家如郑板桥来说，其真趣与书画的创作又是如此契合。“江雨初晴，宿烟收尽，林花碧柳，皆洗沐以待朝暾；而又娇鸟唤人，微风叠浪，吴楚诸山，青葱明秀，几欲渡江而来。此时坐水阁上，烹龙凤茶，烧夹剪香，令友人吹笛，作《落梅花》一弄，真是人间仙境也。”（《仪真县江村茶社寄舍弟》）在“茅屋一间，新篁数竿，雪白纸窗，微浸绿色”的幽雅环境中，“此时独坐其中，一盏雨前茶，一方端砚石，一张宣州纸”，创作之欲望，岂有不盛之理？

郑板桥书作中有关茶的内容甚多，兹录数件于下。

溢江江口是奴家，郎若闲时来吃茶。黄土筑墙茅盖屋，门前一树紫荆花。（行书《竹枝词》轴）

墨兰数枝宣德纸，苦茗一杯成化窑。（行书对联）

乞郡三章字半斜，庙堂传笑眼昏花。上人问我迟留意，待赐头纲八饼茶。（行书东坡诗条幅）

郑板桥还有一《行书扬州杂记卷》，其中记述了一段板桥的“茶缘”，富有传奇色彩，读来饶有趣味。

扬州二月，花时也，板桥居士晨起，由傍花村过虹桥，直抵雷塘，问玉勾斜遗迹，去城盖十里许矣。树木丛茂，居民渐少，遥望文杏一株，在围墙竹树之间。叩门径入，徘徊花下，有一老媪，捧茶一瓯，延茅亭小坐。其壁间所贴，即板桥词也。问曰：“识此人乎？”答曰：“闻其名，不识其人。”告曰：“板桥即我也。”媪大喜，走相呼曰：“女儿子起来，女儿子起来，郑板桥先生在此也。”是刻已日上三竿矣，腹馁甚，媪具食。食罢，其女艳妆出，再拜而谢曰：“久闻公名，读公词，甚爱慕，闻有《道情》十首，能为妾一书乎？”板桥许诺，即取淞江蜜色花笺、湖颖笔、紫端石砚，纤手磨墨，索板桥书。书毕，复题《西江月》一阕赠之。其词曰：“微雨晓风初歇，纱窗旭日才温。绣帏香梦半蒙腾，窗外鹦哥未醒。　蟹眼茶声静悄，虾须帘影轻明。梅花老去杏花匀，夜夜胭脂怯冷。”母女皆笑领词意。问其姓，姓饶；问其年，十七岁矣。有五女，其四皆嫁，惟留此女为养老计，名五姑娘。又曰：“闻君失偶，何不纳此女为箕帚妾，亦不恶，且又慕君。”板桥曰：“仆寒士，何能得此丽人？”媪曰：“不求多金，但足养老妇人者可矣。”板桥许诺曰：“今年乙卯，来年丙辰计偕，后年丁巳，若成进士，必后年乃得归，能待我乎？”媪与女皆曰：“能。”即以所赠词为订。明年，板桥成进士，留京师。饶氏益贫，花钿服饰拆卖略尽，宅边有小园五亩亦售人。有富贾者，发七百金欲购五姑娘为妾，其母几动。女曰：“已与郑公约，背之不义，七百两亦有了时耳。不过一年，彼必归，请待之。”

江西蓼洲人程羽宸，过真州江上茶肆，见一对联云：“山光扑面因朝雨，江水回头为晚潮。”傍写“板桥郑燮题”。甚惊异，问何人。茶肆主人曰：“但至扬州，问人便知一切。”羽宸至扬州，问板桥在京，且知饶氏事，即以五百金为板桥聘资授饶氏。明年，板桥归，复以五百金为板桥纳妇之费。常从板桥游，索书画，板桥略不可意，不敢硬索也。羽宸年六十余，颇貌板桥，兄事之。

四十三岁时的郑板桥，正是怀才不遇的落拓之人，大约是艺术家秉性使然，此时的他，仍不乏访古探幽的雅兴，在僻静的乡村，得茶书交订，续成一段良缘。那饶五娘的贞守盟约，不为富

清　李方膺《梅兰图》
浙江省博物馆藏

贵所移的真挚情感，在板桥笔下显得格外动人。

读罢此文，忽又想到了板桥的“湓江江口是奴家，郎若闲时来吃茶”的行书，不知两者之间是否有着某种因缘？

李方膺《梅兰图》

李方膺，字虬仲，号晴江，又号秋池、抑园等，通州（今江苏南通）人，擅松竹梅兰，尤工写梅。

在这幅《梅兰图》中，画家于梅、兰之外，以寥寥数笔，勾勒出古拙的茶壶、茗碗，用笔滋润，画面丰满。其题跋云：“峒山秋片茶，烹惠泉，贮砂壶中，色香乃胜。光福梅花开时，折得一枝归，吃两壶，尤觉眼耳鼻舌俱游清虚世界，非烟人可梦见也。乾隆十六年写于八闽大方伯署。晴江。”短短的言辞，表达了李方膺的爱茶之情。

李鳝《三秋图》《壶梅图》和《煎茶图》

李鳝，字宗扬，号复堂，又有懊道人、木头老人诸别号，扬州兴化人。其于康熙五十年（1711）中举人，后入宫成为康熙帝的侍从，康熙五十三年（1714）以绘事任内廷供奉，成为宫廷画家。但李鳝品性狂放，不受羁绊，“才雄颇为世所忌”。康熙五十八年（1719），他受到排挤，被迫离开宫廷。雍正七年（1729），李鳝再次被召入宫，可他倾心于以物寓情、抒发个性的写意画风，始终与工细妍美的皇家审美取向格格不入，不久，便被免去“贡奉内廷”之职。乾隆三年（1738），李鳝知山东滕

清　李鱓《三秋图》

县，为官清廉，但时隔两年，又被罢黜。“两革功名一贬官”之后，李鱓对仕途心灰意冷，从此寓居扬州，以鬻画为生。他的作品题材广泛，形式不拘绳墨，兼工带写，多得天趣。

《三秋图》是李鱓的一件小品，纸本，纵32.5厘米，横39厘米。从画面看，他的用笔意态轻松自如，正侧反转的轻盈笔致，淡墨枯笔的勾勒和轻轻地皴擦，使本来朴拙厚重的瓦罐茶壶灵气顿生。他以淡赭色勾出的菊花，无论是大口陶罐中的丛枝、壶嘴中的单朵，还是有待安顿的落英，都透出清秋的风姿。

在这幅淡雅的作品中，我们看到的不单是秋天的景致，更有作者内心一派怡然的风光。濡墨挥洒之间，他把对秋菊的爱怜，

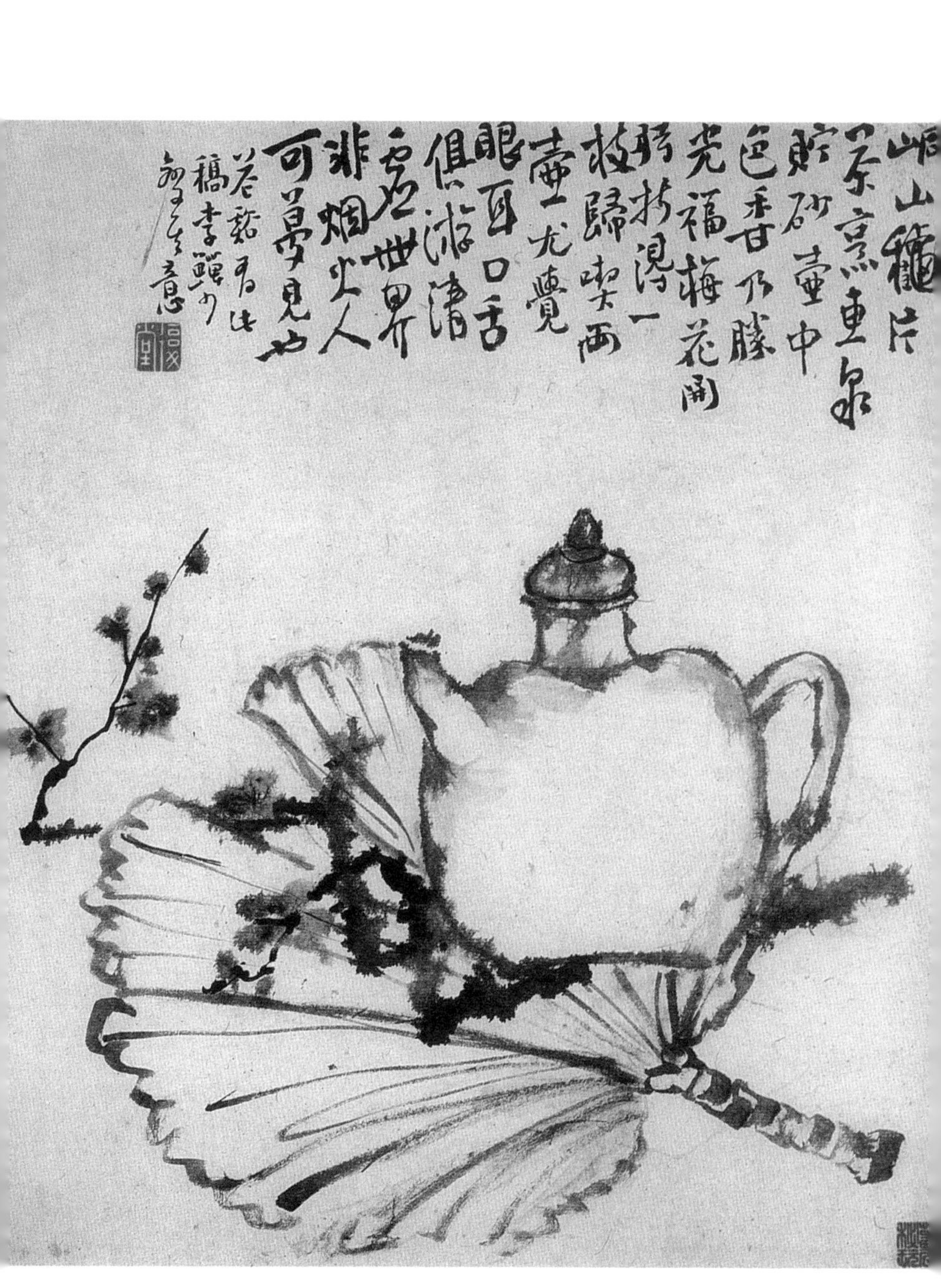

清　李鱓《壶梅图》　天津博物馆藏

深深地安顿在了茶韵之中，莫不是想让茶茗的甘露、心中的菊色永远清丽如初？

《壶梅图》画跋内容与李方膺《梅兰图》同。从跋尾中可知，此图是李鱓仿效他人并掺有己意的作品。画作构图以拙为主，在简练的点画之中见虚实变化，其中梅花的穿插映衬颇见匠心。蒲扇的朴素平实、茶壶的端庄古拙、梅花的奇崛清高，在相互辉映中各显特色。如果说李方膺的《梅兰图》是追求一种滋润感的话，那么《壶梅图》则表现的是一种苍老的意味，从而体现出“清虚”的意境。

《煎茶图》系李鱓的杂画册页之一。画的内容很简洁，一只炭盆，木炭中插着一双用铁链连着的火钳，上置茶壶一柄。画的右下角，是一把圆圆的芭蕉扇。形式看似简单，但在构成要素上却有其特色。茶壶的小圆与扇子的大圆形成大小的对比；扇子、茶壶和火钳上的铁链与炭盆、木炭又形成了工细与粗犷的对比。画的题款沿左下边一行，曰：“腹糖里善制。”是用自己名字“复堂李鱓”的谐音而成，颇有幽默感。

棱棱金石之气

清袁宏道在《龙井记》中对当时的茶品有一番见解：

> 余尝与陶石篑、黄道元、方子公汲泉烹茶于此，石篑因问龙井茶与天池孰佳？余谓龙井亦佳，但茶少则水气不尽，茶多则涩味尽出，天池殊不尔。大约龙井头茶虽香，尚作草气，天池作豆气，虎丘作花气，惟岕茶非花非水，稍类金石气，又若无气，所以可贵。

其将茶味以金石气喻之，可谓是独特的评论。借以观清代书画篆刻家们的作品，他们对茶的见解和对茶饮的体会也是各臻其妙，但在总体上都有一种凝重感，似有一种金石之气盘旋在笔墨之中。

丁敬《论茶六绝句》

丁敬，字敬身，号钝丁、龙泓、砚林，别号玩茶老人、玩茶叟、玩茶翁、钱塘布衣等。后人因其隐于市廛而学识渊雅，故又多以“隐君”称之。丁敬生平刻苦作诗，博学好古，书工大、小篆，尤精篆刻，为著名篆刻流派“西泠八家”首要人物。

丁敬行书手卷《论茶六绝句》，纵17.1厘米，横117.9厘米。现藏浙江省博物馆，书录其自作论茶绝句六首。

其一曰：

松柏深林缭绕冈，荈茶生处蕴真香。
天泉点就醍醐嫩，安用中泠水递忙。

其二曰：

湖上茶炉密似鳞，跛师亡后更无人。
纵教诸刹高禅供，尽是撑瓯漫眼春。

其三曰：

金髯斗茗极锱铢，被尽吴侬软话愚。
满口银针矜特赏，谁知空捻老髯须。

其四曰：

天上穆陀谁获见，人间仙掌亦难遭。
琼芽只合滋仙骨，留付诗中一代豪。

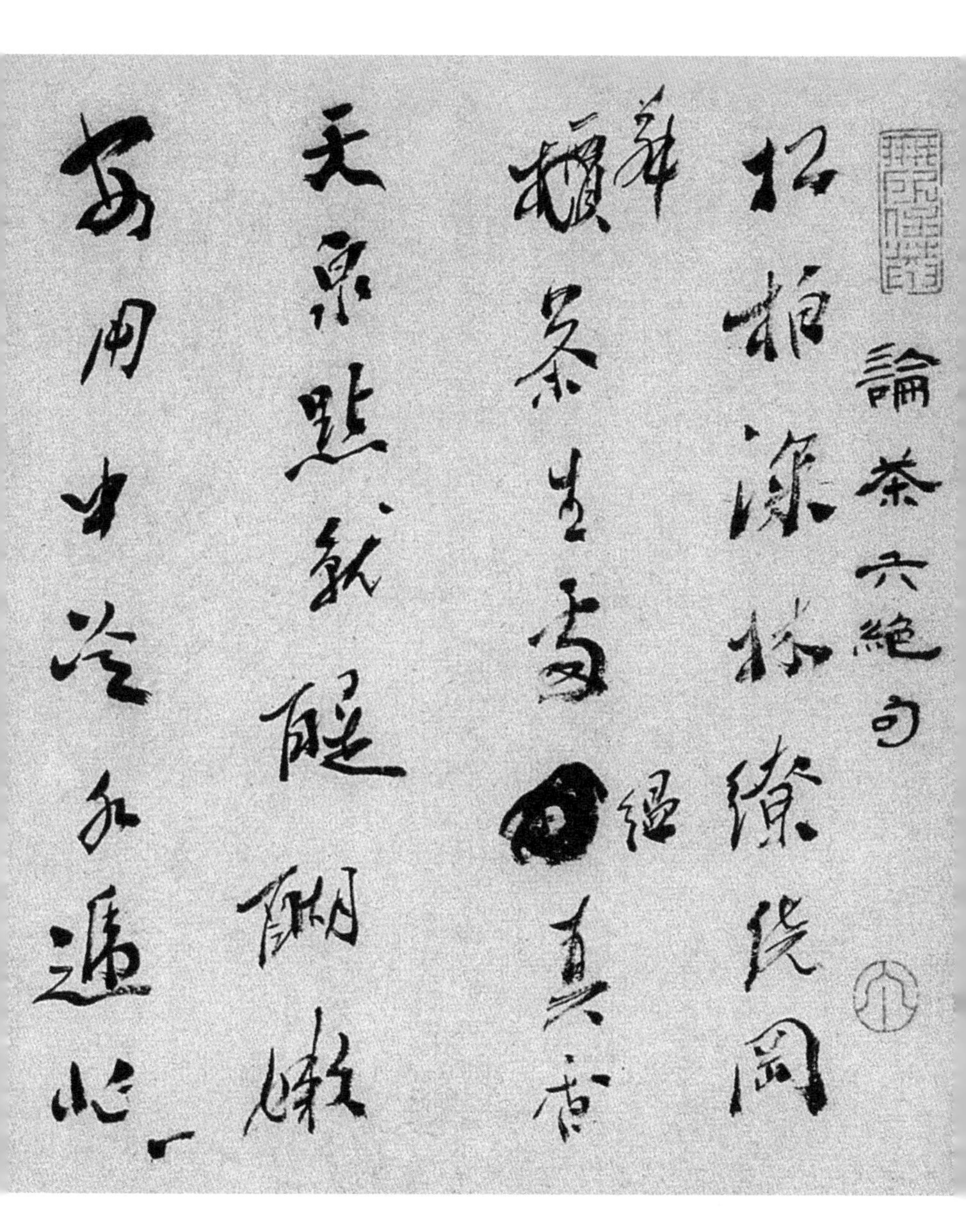

清　丁敬《行书论茶六绝句卷》（局部）

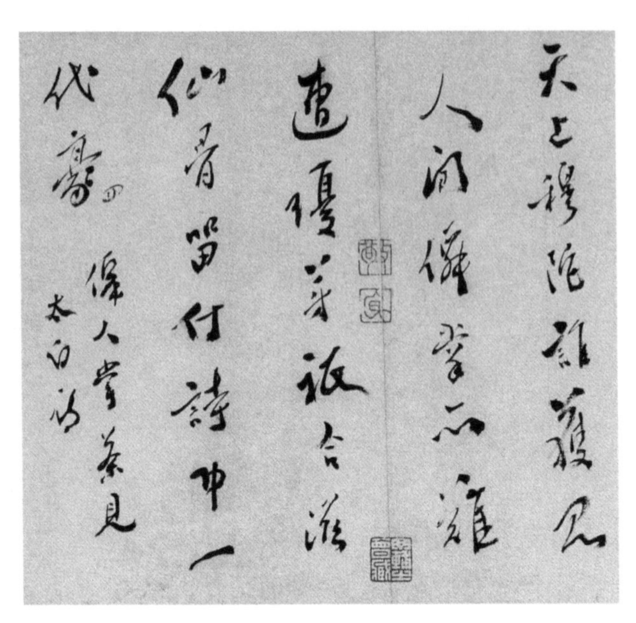

清　丁敬　《行书论茶六绝句卷》（局部）

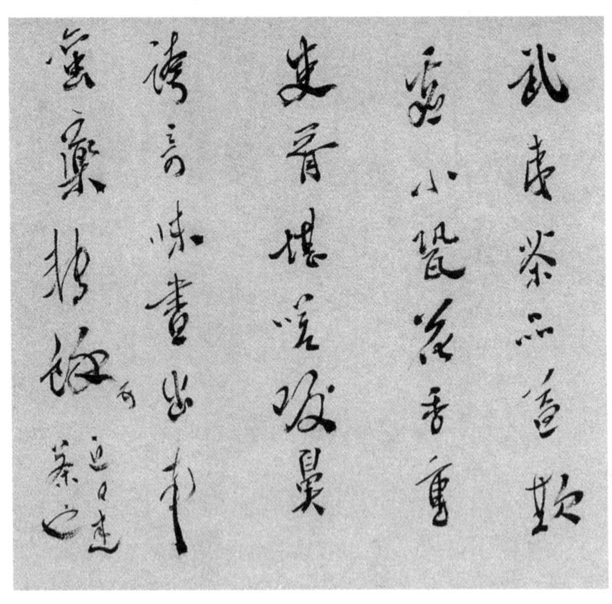

清　丁敬　《行书论茶六绝句卷》（局部）

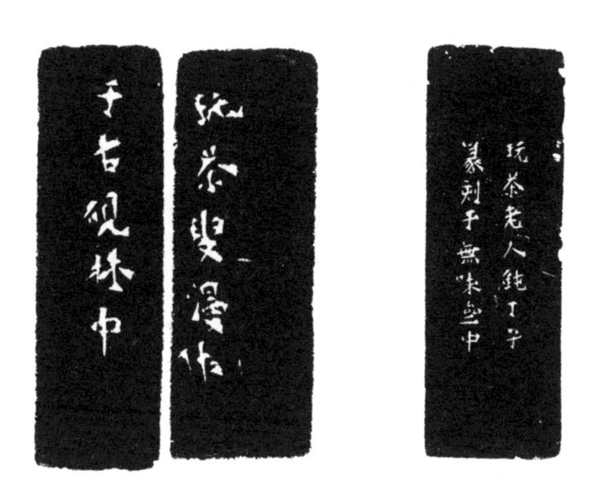

丁敬篆刻边款常自署“玩茶叟”“玩茶老人”

其五曰：

武夷茶品益欺虚，小琖花香垂隶胥。
堪嗟吸鼻夸奇味，尽出南蛮药转余。

其六曰：

常年爱饮黄梅雨，垂死犹思紫梗茶。
寄语香山老居士，别茶休向俗人夸。

卷后有跋曰：

壬午六月九日访扬州项贡父、罗两峰二君于艮山门之睦庵，啜茶回，录此请正之。杭郡六十八叟丁敬记。

项贡父即项均，从金农学诗画，代笔画梅，几可乱真；罗两峰即罗聘，亦是金农的高足。由跋中可知，此书是丁敬与友人饮茶归来乘兴秉笔，一气呵成，所以在气韵和笔墨上均有极强的艺术感染力。此诗稿作于乾隆己卯年（乾隆二十四年，1759），即书此卷的三年之前。由诗书所及的内容看，也可知丁敬对品茶的在行和钟爱。

蒋仁茶联

蒋仁，“西泠八家”之一，原名泰，字阶平，后因偶得“蒋仁”古铜印，极为欣赏，遂改名为“蒋仁”，号山堂。其为仁和（今浙江杭州）人，家住艮山门外，“老屋数椽，不避风雨”。蒋仁性孤僻，终身布衣，他的书法以行书见长，由米芾而上溯二王。

此联书于乾隆四十年（1775）冬天，茶联的内容出自陆游《试茶》诗，上联：“睡魔何止避三舍”；下联：“欢伯直当输一筹”。联中无一“茶”字，但说的却正是茶的提神作用。下联中，“欢伯”是酒的别号，《易林》曰：“酒为欢伯，除忧来乐。”酒虽可除忧，但在驱睡上却不如茶叶。

陆游诗的全文是：

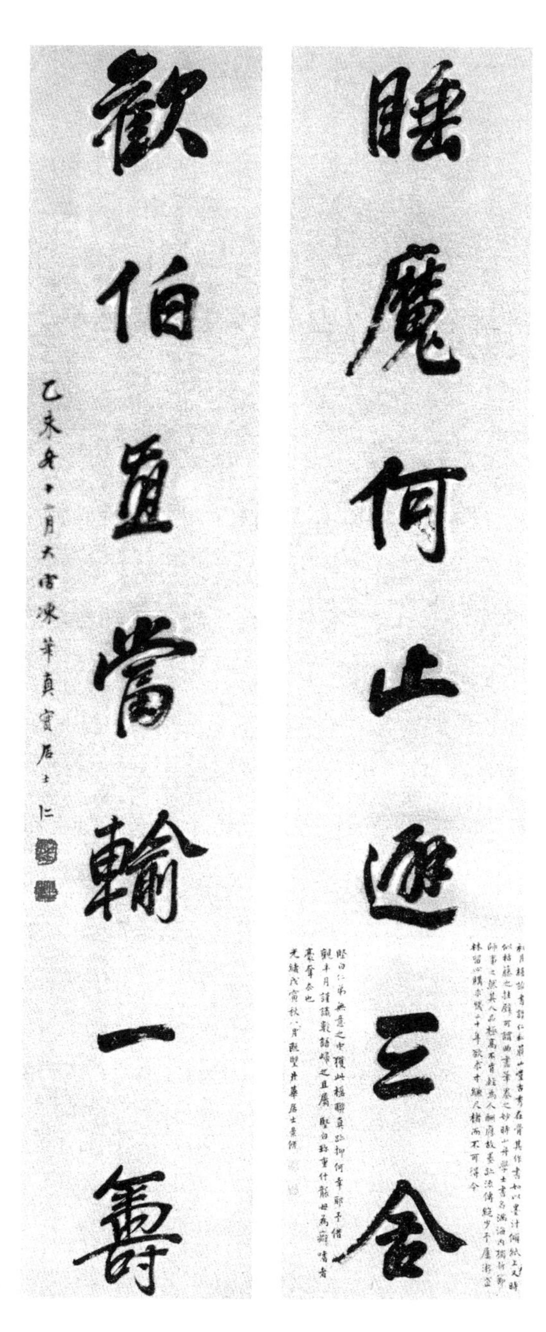

清　蒋仁　行书七言联

苍爪初惊鹰脱鞲，得汤已见玉花浮。

睡魔何止避三舍，欢伯直当输一筹。

日铸焙香怀旧隐，谷帘试水忆西游。

银瓶铜碾俱官样，恨欠纤纤为捧瓯。

黄易、黄士陵的《茶熟香温且自看》及其他

黄易，字大易，号小松，又号秋庵，别署秋影庵主，钱塘（今浙江杭州）人。其为监生，历官山东兖州府、运河同知，擅古文词，又工丹青，著有《小蓬莱阁集》，为“西泠八家”之一，与丁敬并称“丁黄”。黄易擅长碑版鉴别考证，篆刻以丁龙泓为师，对秦汉玺印深有研究，又兼及宋元诸家，广泛吸收汉魏六朝金石碑刻中的营养。

检其印谱，有朱文印《茶熟香温且自看》及《诗题窗外竹，茶煮石根泉》。一作于乾隆庚寅（乾隆三十五年，1770）八月，跋录李竹懒诗：“霜落蒹葭水国寒，浪花云影上渔竿。画成未拟将人去，茶熟香温且自看。”印文即出自此诗。后有小字长跋，惜字迹漫漶，已难辨识。一作于乾隆乙未（乾隆四十年，1775）五月，跋云：“乙未五月过桐花馆访楚生不值，留此请正，用订石交。杭人黄易。”二印均仿汉印风格，苍劲古拙，清刚朴茂。清人施朝干《武林人物新志》谓，“小松精篆，远追汉唐阃奥”，确非虚语。

“茶熟香温且自看”是明人李日华的诗句，它得到了后来许多书法篆刻家的青睐，常用以作创作素材，如清代篆刻家戴熙的《茶熟香温》（白文）、高玺的《茶熟香温》（白文）。

清　黄易篆刻
《诗题窗外竹，茶煮石根泉》

清　黄易篆刻　《茶熟香温且自看》

清　戴熙篆刻　《茶熟香温》

清　高玺篆刻　《茶熟香温》

清　黄士陵篆刻　《茶熟香温且自看》

晚清篆刻家黄士陵也刻有《茶熟香温且自看》朱文印两方，并有款曰："再为逸老作李君实句，与前者孰胜，尚希鉴定。"故知印主也是很喜欢这一诗句的。黄士陵一再为之刻同一内容的作品，显示了他们之间一种不同寻常的友谊。

赵之谦铁笔解"茶"字

赵之谦，初字益甫，号冷君，后改字撝叔，号悲庵、梅庵、无闷等，会稽（今浙江绍兴）人。其为咸丰举人，曾历任江西鄱阳、奉新、南城知县，卒于南城知县任内，后归葬杭州。赵之谦是晚清著名的艺术家和金石学家，诗书画印、碑刻考证无一不精，著有《补寰宇访碑录》《六朝别字记》等。其篆刻初学浙派、邓派，继而上溯秦汉古印，约在三十五岁之后，立志变法，将战国钱币、秦权诏版、汉碑额篆、汉灯、汉镜、汉砖以及《天发神谶碑》《祀三公山碑》等文字融合入印，自立门户，开一派新风，对后来的篆刻艺术创作产生了巨大影响，实现了他"为六百年摹印家立一门户"的志愿。

赵之谦英年早逝，流传作品相对较少，但就在其为数不多

清　赵之谦篆刻
《茶梦轩》

的篆刻作品中，有一方《茶梦轩》白文印格外引人注目。该印章法虚实对比强烈而线条匀实，用刀稳健，结字朴茂，有汉印遗风。其印艺之精美、印文内容之意义，自然大可咀嚼，但相比之下，边款文字倒是更值得一提。赵之谦的篆刻艺术特点之一，就是常将金石考证文字刻记于边款上，这些边款可以视作他金石论著的一种特殊形式。《茶梦轩》一印的边款中寥寥三十一字，却是一篇对“茶”字字源的考证美文。边款全文如下：

清　赵之谦篆刻
《茶梦轩》边款

> 说文无“茶”字，汉“茶宣”“茶宏”“茶信”印皆从木，与“茶”正同，疑“茶”之为“茶”由此生误。撝尗。

关于“茶”字字源，多数人认为是自中唐始由“茶”字减笔为“茶”字。清代学者顾炎武在《唐韵正》等著作中曾论及“梁以下始有今音，又妄减一画为‘茶’字”，但未能注明出处，又称，“此字变于中唐以下也”。顾氏所论当指真书而言，而“茶”字在汉代篆书中已初具萌芽之说，在赵之谦之前尚未有人提出，故赵氏的印跋是第一次将

"茶"字的形变历史上溯到汉代。

当然，作为族姓之氏，当为"茶"字，但汉印之省略为"茶"，无疑为茶叶之"茶"的确立开了先河。其历史原因在于，汉代的文字已进入由古文字向今体字的转折阶段，严格的秦小篆已渐为汉隶所取代，而作为汉印所用文字的缪篆（也称汉篆、摹印篆），则是秦小篆向汉隶过渡的中间产物。其特点是结体化圆为方，用笔趋于简便，其中的减省手法又是一大特征。所以，从文字学的角度看，"茶"省略为"茶"发生在汉代，是完全合乎逻辑的现象。对此，作为金石学家的赵之谦当然是洞若观火，如不是囿于方寸之石，或许还会进一步地考证源流，详加辨析呢。

赵之谦边款中所举三例汉印，原印印蜕已不可复见。经检索，在《续汉印分韵》中存录有两个"茶"字，虽未注明出处，但与赵氏"茶梦轩"之"茶"字十分相似。故可以认为，赵之谦所用之字是借鉴了汉印中的文字形体。按文字学观点看，将篆书"茶"写成"茶"，不合六书，有逾规矩。但有意思的是，赵之谦并不排斥这个"误字"，而是大胆地将其引入自己的作品之中，体现出一种博采旁求的气魄。

赵之谦既是一位谨严朴实的金石学家，同时也是个极富创造力的艺术家，这在《茶梦轩》中得到了完美的统一。边款的考证表现了金石学家的谨严（意在表明采用"茶"字是有所本而非臆造）；印面的新颖醒目，则洋溢着他勇于创新、敢于求美的艺术家本色。而印面的不拘一格与边跋的鞭辟入里，则又由一个"茶"字联系得天衣无缝。赵之谦的《茶梦轩》及边款，不仅是篆刻艺术创作的范例，而且也是茶史、茶文化研究的宝贵资料。

憨态可掬的“虚谷壶”

“虚谷壶”不能拿来泡茶，只能观赏，因为它只是静静地坐在纸上。

虚谷是晚清的一位文人画家，在中国绘画史上具有突出的影响。道光三年（1823），虚谷生于安徽歙县，他本姓朱，名怀仁，曾是清军中的一名参将。当太平天国运动来临时，出于对清政府的不满和对太平军的同情，他毅然“披缁入山”，以书画自娱，并改名虚白，字虚谷，号紫阳山民、倦鹤，将读书作画处题号为“三十七峰草堂”“一粟庵”“觉非庵”等。

虚谷虽然出家，但“不礼佛号”，不茹素食。他携笔砚云游四方，以卖画为生，多来往于上海、苏州、扬州一带。

虚谷的绘画作品，题材广泛，造型多用几何体，并擅用干笔侧锋。他的花鸟画视角新颖，构图别致，笔墨之中透出浓浓的生命气息。

在虚谷的小品册页中，有几幅茗壶图就具有上述特点，很有些古雅之味。

清　虚谷　《菊花》

清　虚谷　《茶壶秋菊》

清　虚谷　《案头清供》

《菊花》《茶壶秋菊》和《案头清供》，色彩有冷暖之分，内容、形式上也各有其特别之处。《菊花》与《茶壶秋菊》构图至简，壶为提梁矮肩，壶嘴短促而坚结；色彩对比、用笔对比、造型对比都有突出之处。菊花花瓣的用笔挺劲、疾速，菊叶的大块点染，既烘托了菊、壶之间的层次感，同时表现菊花的生机勃勃和傲霜之气。壶的用笔拙劲而凝重，枯笔偶出，恰如其分地体现了陶器的质朴感。《案头清供》中的茶壶，照例是短嘴平足，用笔则勾勒顿挫，色微暗赭，与水果的饱满、新鲜、亮丽形成对比，突出表现了茶壶的朴拙神韵。

虚谷笔下的茶壶，都是壶嘴较短小，肩肚很大的形象，简练之中含有朴实、大气的境界，蕴藏着一股静气之美。赏其画，品其壶，实可滤浮躁，入静境。何须酽茶，有壶足矣。

缶翁笔下的茶韵

吴昌硕，初名俊卿，字苍石、仓石、昌石等，号朴巢、缶庐、老缶、缶道人、苦铁等，浙江安吉鄣吴村人。

吴昌硕是近代艺术大师，他以诗、书、画、印“四绝”而载誉艺坛，名重海内外。他创造性地继承了中国书画篆刻等艺术的优秀传统，充分发挥了自己的个性。其艺术作品具有气势磅礴，于浑朴中见华滋，厚重中寓灵动的特征，达到了极高的艺术境界。

光绪三十年（1904），中国第一个研究金石篆刻兼及书画的学术团体西泠印社成立，吴昌硕被推举为首任社长。其间，他曾撰一对联：“印讵无原，读书坐风雨晦明，数布衣曾开浙派；社何敢长，识字仅鼎彝瓴甓，一耕夫来自田间。”吴昌硕在联中，不仅表现了他谦虚的胸襟，同时也流露出他是深以布衣、耕夫为荣的。他作为平民出身的艺术家，常常选择那些最“土”的题材入书、入画、入诗、入印，由此而抒发自己独特的审美情趣。

吴昌硕的诗，初崇尚王维、杜甫，后师法唐宋诸家，其作品清新淳朴，旷逸纵横，题材广泛，体裁多样。

清　吴昌硕篆刻《茶苦》《茶禅》

他写过这样两首诗。

掩水门虚设，谈山客寡俦。
屋和秋共老，愁与发为仇。
得句喜三日，假书盈一楼。
家风演茶量，两腋听飕飕。

——《答卢莪生》

菱溪种蕉叟，咄咄远纷华。
健坐一秋雨，能书几大家。
绿窗晨散帙，黄菊晚烹茶。
得意青蓑笠，长歌扣钓査。

——《怀毕蕉庵文》

前诗中的唱和对象为卢莪生，所以他在诗中用了“家风演茶量，两腋听飕飕”之句，是用唐人卢仝的“七碗茶歌”来称颂卢莪生爱茶的雅趣，显得十分妥帖。后一首诗中，用“绿窗晨散帙，黄菊晚烹茶”的对仗句，营造出一种隐逸的气氛。反映了饮茶在书画家、文学家日常生活中的作用。

吴昌硕一生最爱梅花，他有一首画梅诗，诗的最后两句为“请君读画冒烟雨，风炉正熟卢仝茶”。以茶点题，诗画合璧，可谓奇境别开。

吴昌硕爱梅，更写梅，也常将茶与梅共为题材，互相映衬，营造特殊的意境。一次，他从野外折得寒梅一枝，插于瓶中，然后泡上香茶，独自吮赏，就景作画，并以行书作诗一首：

> 折梅风雪洒衣裳，茶熟凭谁火候商。
> 莫怪频年诗懒作，冷清清地不胜忙。

并跋曰：

> 雪中拗寒梅一枝，煮苦茗赏之。茗以陶壶煮不变味。予旧藏一壶，制甚古，无款识。或谓金沙寺僧所作也。即景写图，销金帐中浅斟低唱者见此必大笑。

据吴昌硕家乡的人说，吴昌硕在其故乡芜园中，种植着三十多株梅树，每逢花期，他无论风雪雨晴，常常徘徊于梅树间，手中执一小茶壶，一边品饮清茶，一边观赏梅的意态。因而他的作品也不时地流露出一种如茶如梅的清新和质朴感。

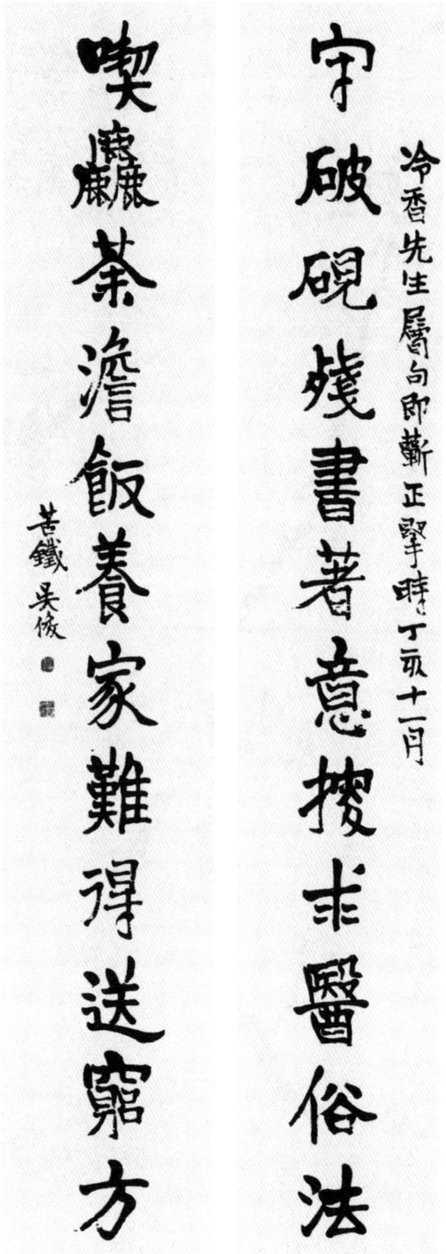

清　吴昌硕

《楷书十二言联》

守破砚残书著意搜求医俗法

吃粗茶淡饭养家难得送穷方

清　吴昌硕　《煮茗图》　王个簃旧藏

清　吴昌硕《品茗图》　朵云轩藏

吴昌硕六十四岁时所作的《煮茗图》，梅仅一枝，寒花几簇，疏密自然，有孤傲之气，旁有高脚炭炉一只，略有夸张之态，上坐小泥壶一把，破蒲扇则为助焰之用。整幅作品线条隽秀而坚实，笔笔周到，得一“清”字，极写梅、茶之神韵。

吴昌硕七十四岁时，又作一幅《品茗图》，与前者相比更显朴拙之意。一丛梅枝自右上向左下斜出，疏密有致，生趣盎然。花朵俯仰向背，与交叠穿插的枝干一起，造成强烈的节奏感。作为画中主角的茶壶和茶杯，则以淡墨勾皴，用线质朴而灵动，有质感、有拙趣，与梅花相映照，更觉古朴可爱。吴昌硕在画上所题“梅梢春雪活火煎，山中人兮仙乎仙”，正道出了赏梅品茗的乐趣。

在这些书画中，我们似乎已感觉到吴昌硕对茶壶有着一种特别的嗜好。他对好的茶具，不单是收而藏之，更是物尽其用，用来陪伴艺术创作，积蓄创作的灵感。为此，他的挚友任伯年也曾送给他一把紫砂壶。后来，这把壶一直保存在西泠印社。1985年，为纪念任伯年逝世九十周年，上海美术馆举办了画展，西泠印社也为展览提供了有关展品，其中就包括这把紫砂壶。

吴昌硕还经常为紫砂壶书铭，宜兴紫砂工艺厂中现还藏有一把弧菱壶，其高8.9厘米，口径为5.8厘米。壶的形制为方形圆角而底大上小，其加足与壶身浑然一体，整体上看，有柔和而坚稳的特色，茶壶的边棱线条清晰，钮内为圆孔，外面为三瓣弧形。该壶具有藏锋不露，风流蕴藉之妙。壶盖内有小方印篆文“玉麟”二字。壶底又有方印，篆“黄玉麟作”四字。可知，它的作者是清末宜兴著名陶人黄玉麟。此壶的壶铭即为吴昌硕的句子：“诵秋水篇，试中泠泉，青山白云吾周旋。”壶的另一面刻款“庚子九秋，昌硕为咏台八兄铭，宝斋持赠，耕云刻”。

一壶清茶，还帮助吴昌硕度过了一段不同寻常的时光。

吴昌硕早年曾一度染上吸大烟的毛病，尤其是在帮助金石学家陆心源抄订《千壁亭古砖图释》时，搬砖摹拓，不胜劳累，便常以大烟吊精神，瘾头日益见大。他的妻子施季仙劝他戒烟，始终未能见效。一次，她又见吴昌硕在外面过足了瘾回来，心中实在不快，便丢去了一句冷冰冰的话：“这东西有什么好，又花钱，又害身子，不要再吃了吧。如果连这都做不到，还治什么印，学什么画！”

这话倒真是刺激了吴昌硕，他的心中不禁勾起了往事。1865年，劫后余生的吴昌硕回到了鄣吴村。这时，原配夫人章氏已经病逝，他只得与父亲一起耕读为生。正是在这段艰难的日子里，菱湖的这位施氏女子却爱上了吴昌硕，她不惜变卖陪嫁首饰，在经济上、精神上给了吴昌硕很大的支持，她指望吴昌硕能专心从艺，有所成就……

吴昌硕沉思良久，觉得实在有愧于妻子，于是，便坚定决心，从此不再吸大烟，不仅如此，就连一般的水烟、纸烟也不吸了。在书画刻印之余，他就是依靠着一把陶泥小茶壶中那浓浓的苦茶，度过了这一段难熬的日子。从此，他对茶的感情也日盛一日。茶，伴随着吴昌硕走向了艺术的巅峰。

吴昌硕在一幅《兰花图》中曾这样题道：

> 兰生空谷，荆棘蒙之，麋鹿践之，与众草伍。及贮以古磁斗，养以绮石、沃以苦茗，居然国香矣。花之遇不遇如此，况人乎哉？

以苦茗沃兰，居然可以使之为国香，以兰喻人，似乎也可视作他的自我写照吧。

吴昌硕还手书过横批《角茶轩》。

《角茶轩》，篆书横批，光绪三十一年（1905）书，大概是应友人之请所书的。这三字，是典型的吴氏风格，其笔法、气势源自石鼓文。其落款很长，以行草书之，其中对“角茶”的典故、“茶”字的字形作了记述：“礼堂孝廉藏金石甚富，用宋赵

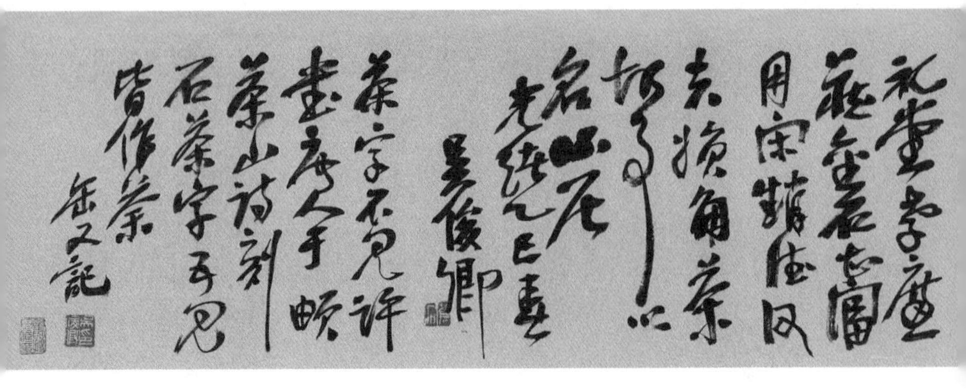

德父夫妇角茶故事以名山居……‘荼’字不见许书，唐人于頔茶山诗刻石，‘荼’字五见，皆作‘荼’……”

所谓“角茶故事”，是指宋代金石学家赵明诚和他的妻子、婉约派词人李清照以茶作酬，切磋学问，在艰苦的生活环境下，依然相濡以沫，精研学术的故事。

> 余建中辛巳始归赵氏……赵、李族寒，素贫俭……后屏居乡里十年，仰取俯拾，衣食有余。连守两郡，竭其俸入，以事铅椠。每获一书，即同共勘校，整集签题。得书画、彝鼎，亦摩玩舒卷，指摘疵病，夜尽一烛为率。故能纸札精致，字画完整，冠诸收书家。余性偶强记，每饭罢，坐归来堂烹茶，指堆积书史，言某事在某书某卷第几叶第几行，以中否角

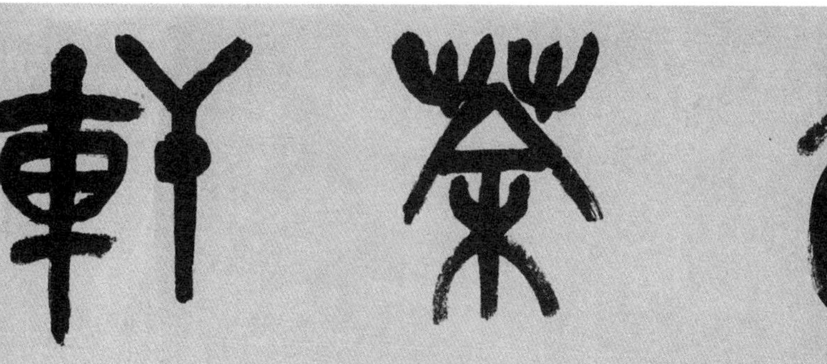

清　吴昌硕　《篆书角茶轩》

胜负，为饮茶先后。中即举杯大笑，至茶倾覆怀中，反不得饮而起。甘心老是乡矣，故虽处忧患困穷而志不屈。（李清照《金石录后序》）

后来，“角茶”典故，便成为夫妇间志趣相投，相互激励，促进学术进步的佳话。

吴昌硕先生的这件作品，用笔结字浑厚凝重，章法上疏密开合，气势宽博沉雄，而且在内容上也是熔史实典故、金石考订和情感表达为一炉。其文字内容与艺术手法的高度统一，体现了缶老极高的学术和艺术素养，堪称典范之作。

【茶事艺文】

后　记

茶文化自20世纪80年代初随着改革开放复兴以来，不觉已有40多年。当时，浙江摄影出版社就出了不少相关专题的书籍，其中有一套“中国茶文化丛书”，承主编浩耕、梅重先生厚爱，本人的一册《谈艺》也忝列其中，因为首次印数不多，在市场上很快就看不到了。后来茶事日盛，于是，这本书在2006年又重版了一次，不久又复告罄。

这个现象，反映了国人对茶的一种情愫，特别是近年来新生代爱茶人增多，品茶已然成为生活时尚。与此同时，人们对茶饮的品质特征、历史脉络、审美情趣，以及人文价值之探索的热情也愈发高涨，在茶艺师等职业培训及相关的学术研讨中，作为茶文化中最生动形象的茶事艺文的价值也越来越得到重视。

鉴于上述情况，出版社建议将旧稿修订再版。于是，趁此机会我将原稿内容做了一些修改和补充，并易名为《茶事艺文》。本书内容，主要是自己平时在欣赏阅读历代茶事艺文作品时的一些感想随笔，同时，也对一些自认为有意思的作品做些实录，以体现出一定的资料性。囿于个人学识浅薄，肯定会有不少错误，姑且当作引玉之砖，恳请读者朋友不吝指正。

于良子

2022年谷雨于茶墨轩